文科生也能懂的

Python

✕

程式設計

超簡單　用**Python**寫出國中數學解題程式

前言

「原本以為出社會之後再也不用碰數學……」、「我就是因為不擅長數理，所以大學才選了文科的科系……」，但現在無論是社會人士還是文科生，所有人都必須要具備數學感知的時代。在這樣的背景下，尤其又以應用日新月盛多樣資訊的分析技術——大數據分析日趨重要。龐大的資料解析，需要具備機械學習、深度學習等最先進的 AI 技術；而想要熟稔這些技術，就必須具備數學知識。相信很多人心裡都明白這個道理，卻不知道該從哪裡開始學習。

我希望這本書能夠幫助對數學感到棘手的各位，因此我就想說既然如此，不如數學和 Python 雙管齊下好了，將本書設定了一個有點貪心的目標。但是有些人可能覺得「同時學數學和程式設計感覺很難……」，所以本書就只限定一個主題——「一次函數」。

大家還記得一次函數是什麼嗎？蘋果一顆是兩百元，買五顆蘋果要多少錢呢？通常大家會回答「200×5」的式子對不對？小學時，我們也曾經把蘋果的數量代換成□，寫成「200×□」的式子，計算不同蘋果數量的價格。國中的時候，我們則以 x 表示蘋果的數量，以 y 表示此數量的蘋果價格，寫下「$y = 200x$」的式子，畫出此函數的圖形，學習到一次函數就是，當 x 值確定後，恰好有一 y 值也跟著確定，x 值和 y 值為對應關係。這就是本書的主題「一次函數」。就算是不擅長數學的人，應該也能理解這個簡單的式子。即便是程式設計的初學者，也能寫程式，計算出這個數學式。

本書所討論的數學式為「$y = ax + b$」，也就是以「直線」為主。有些人聽了可能會很驚訝「只有直線？」但無論是數學還是程式設計，我都建

議先從可以在腦海中輕鬆想像的簡單主題開始學習。各種不同的直線可以用什麼樣的數學式子來表示呢？如果改變了那個數學式的一部分，直線又會怎麼變化？讓我們用 Python 來寫程式，算出式子的結果，幫助我們確實地增進對數學的理解吧！學習到最後，相信您應該會對數學學習感到有自信，學會 Python 程式設計，也能對「機械學習」有一定程度的掌握。

這裡想再跟各位說明一件重要的事。即便完全不懂中文的人，打開這一頁看到「$y = ax + b$」的式子，一定就能推測出「這應該是在講一次函數吧」。而且，看到「$y = 200x$」，也能跟您一樣畫出同樣的圖形。也就是說，數學式是世界共通的語言。同樣地，程式語言也是世界共通的語言。在現在網路發達、什麼都查得到的時代，即便內容全是外語，透過上面的數學式或程式，也能推測出內容在講什麼。這樣想，是不是對數學式和程式語言就有所改觀了呢？

最後，這裡要向主持「國中數學免費線上學習網站」的潮木祐太先生至上最高的謝意，感謝他在我撰寫本書時，提供了許多寶貴的建議。

2020 年 9 月　谷尻かおり

目錄

第 **1** 章
Python 的前置準備與
程式設計的基礎 ⋯⋯⋯⋯⋯ 9

第 **2** 章
表示直線的圖形 ⋯⋯⋯⋯ 57

第 **8** 章
邁向機械學習的道路──
今後可精進的領域 ⋯⋯⋯215

程式範例檔下載

本書所介紹的程式當中，相關程式碼的範例以及載入程式中的資料，可從本書的網頁下載。下載網址如下：

http://books.gotop.com.tw/v_ACL061000

本書所提供的檔案為 ZIP 格式，範例檔收錄了書中所有介紹的程式。本書使用「Jupyter Notebook」編寫程式，並作為執行環境，因此範例檔的檔案格式為 Notebook 的 .ipynb。詳細請參考第一章。

- 本書所介紹的程式與操作，是以 2020 年 8 月底當時的環境進行。

- 本書發行後，若 OS、Python 以及 Anaconda 的版本有所更新，範例檔可能無法如書中說明執行，或畫面顯示與本書有所差異，敬請見諒。

- 敝出版社及作者對基於本書內容之操作，所產生之任何直接或間接的損害，一概不負賠償責任。請讀者自行判斷與使用。

第 1 章
Python 的前置準備與程式設計的基礎

此章節是為了第一次接觸 Python，以及 Python 資歷尚淺的人撰寫而成的。以下將為各位介紹，安裝程式開發環境的方法、閱讀第 2 章之後所需的 Python 語法知識，以及編寫程式工具（編輯器）的使用方式等等。已經很熟悉 Python 的人，只要閱讀你需要的部分即可。

1 數學和 Python 哥倆好

世界上有非常多的程式語言，本書從中選擇了 Python，其理由在於，Python 對學習數學非常有幫助。

比方說，你在學生時代的數學課上，畫過如圖 1-1 的圖形嗎？認真的學生會用直尺畫出坐標軸、刻度，然後把打在坐標上的點連成線……。這個作業一點也不困難，但是要畫出如圖 1-1 右那樣圓滑的圖形，可能要費上一番工夫。

圖 1-1　一次函數圖形與二次函數圖形

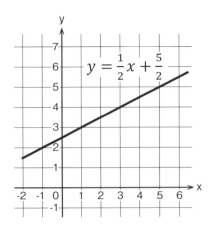
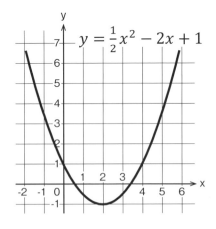

Python 除了一般的基本功能之外，函式庫還提供了非常多的功能，例如：「套件」和「模組」等程式單元。只要利用函式庫裡的 Matplotlib.Pyplot 模組，

就可以新增功能，輕鬆地用數學式畫出如圖 1-2 的圖形 [1]。第二章之後，我們會看到非常多表示直線的方程式，在那些數學式上做了什麼修改，會產生什麼樣的變化呢？手繪圖形的麻煩工作，用 Python 可以無限多次地嘗試。

*1 本書範例不包含二次函數，但繪製二次函數圖形的方法跟一次函數（直線）是一樣的。此外，第 8 章將介紹一次函數以外的圖形。

圖 1-2 利用 Python 所繪製的圖形。$y = \frac{1}{2}x + \frac{5}{2}$ 左方圖形，
$y = \frac{1}{2}x^2 - 2x + 1$ 右方圖形。

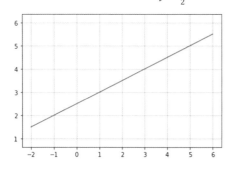
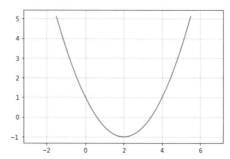

另外，我們可以把下方的代數式：

$$(x + 4)^2 + (x - 3)^2$$

整理成下面的聯立方程式：

$$-x + 2y = 5$$
$$2x + y = 5$$

這種簡單的式子還好，如果式子再更複雜一點，人工計算不但花時間，還可能會計算錯誤。

Python 內建的模組 SymPy，可以輕鬆進行代數運算。利用模組 SymPy，能直接把上述代數方程式帶入程式。模組 SymPy 到底有多方便呢？第 3 章之後各位就可以體會到。這裡大家只要知道，利用 Python 以及 SymPy 模組做運算，比手算還要有效率，而且能更正確地整理出方程式並求出解（圖 1-3）就可以了。

圖 1-3 用 SymPy 整理式子和聯立方程式的解

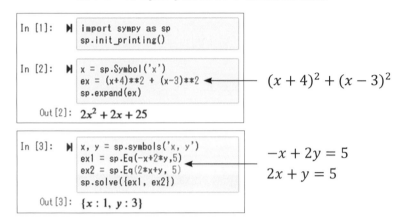

除了這裡所介紹的模組 Matplotlib.Pyplot 和 SymPy 之外，Python 也內建數值運算、統計分析、語言分析、影像處理以及數據資料庫等多種模組。此外，機器學習和深度學習等人工智慧的應用，均可利用 Python 的框架 [*2] 來開發，因此 Python 廣為眾多企業和研究人員所使用。

*2 擁有許多功能的函式庫稱為「框架」（framework）。

「感覺好難……」，有些人心中可能感到有點不安。但 Python 的語法非常簡單且好懂，是程式語言教育界非常受歡迎的語言。而且程式的指令是個別執行，因此就算語法有誤，程式也可以執行到錯誤程式碼的前一步。

2 Anaconda Distribution

安裝 Python 的方法有好幾種,最簡單的方法就是從官方網站(https://www.python.org/)下載(圖 1-4)。官方網站上可以取得,所有 Python 程式開發與執行所需最低限度的東西。

圖 1-4　Python 官方網站

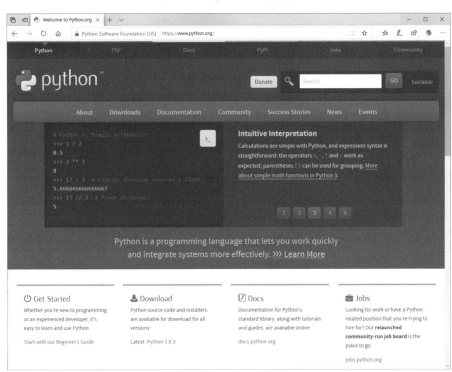

https://www.python.org/

但網站上只能取得最標準的 Python,非常簡潔,完全沒有多餘的功能。如果想利用前一章節介紹的模組,如:Matplotlib.Pyplot 和 SymPy,或是其他實用的模組,就必須如圖 1-5 使用 pip 命令另外安裝。選擇自己想要的功能再安裝這點很吸引人,但是對不熟悉命令輸入的人來說,恐怕會感到退卻。

圖 1-5　手動安裝 SymPy 的畫面

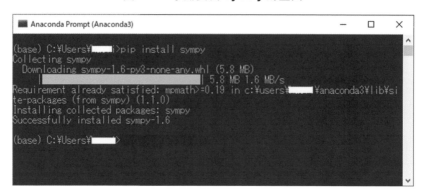

而這個麻煩的工作可以交由 Anaconda Distribution 代為處理。[*3] 利用
Anaconda Distribution，除了官方網站上可下載的 Python 標準版本之外，還
可以一口氣取得 Matplotlib、SymPy、數值運算、統計分析等外部功能，以
及 Jupyter Notebook 編輯程式的工具。利用 Python 寫程式很好上手，並可
輕鬆使用各種便利功能，因此本書建議透過 Anaconda Distribution 來安裝
Python。

*3　可以一次安裝所有程式開發所需套件的作業環境稱為「Distribution」。

3 Anaconda 的安裝

Anaconda 可以從 https://www.anaconda.com/products/individual 取得 Windows 版、MacOS 版以及 Linux 版（圖 1-6）。以下介紹 Window 的安裝方法。

圖 1-6　Anaconda Distribution 的下載頁面

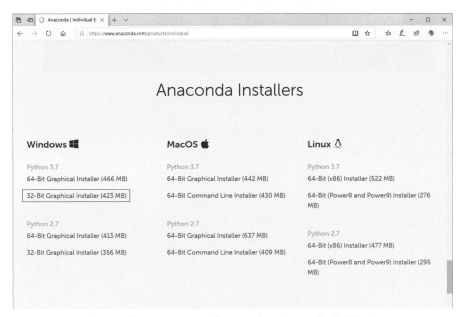

https://www.anaconda.com/products/individual

另外，由圖 1-6 可知，Anaconda 可下載的 Python 版本有「3.x」和「2.x」[4] 兩個種類，此兩個版本並不相容，還請多留意。本書範例所使用的程式版本為 Python 3.7，下載時請選擇 Python 3.x[5] 版本。

*4　Python 2.7 最終更新為 2020 年 4 月，現已終止支援。
*5　下載的時期不同，版本會有所不同。

3.1 安裝於 Windows

請於 Anaconda 的下載頁面（圖 1-6）選擇 Python 3.x 的「64-bit Graphical Installer」或是「32-bit Graphical Installer」。請依據您電腦的作業系統，選擇下載 64bit 或 32bit 版本。此外，依據下載時期的不同，Anaconda 版本、Python 版本，或是下載頁面的設計或結構可能會有所差異。那個時候，請視情況挑選合適的版本下載並安裝。

於下載好的檔案點兩下，就會啟動安裝程式。請點選〔Next〕。

圖 1-7　正在啟動安裝程式

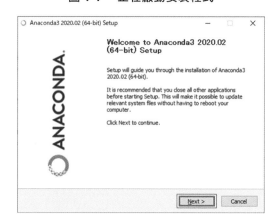

接著會出現授權合約的畫面（圖 1-8）。確認內容後，請點選〔I Agree〕。

圖 1-8　同意授權合約

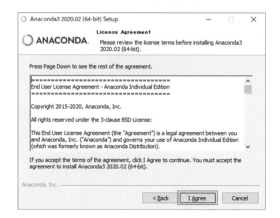

同意後，就會顯示選擇安裝方法的畫面（圖 1-9）。選擇「Just Me」，然後點
〔Next〕。

圖 1-9　選擇安裝的使用者帳號

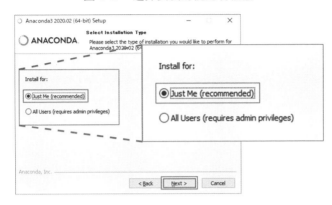

畫面接著會出現 Anaconda 安裝的資料夾（圖 1-10）。選擇預設不變，點選
〔Next〕，C:¥Users¥< 使用者名稱 >¥Anaconda3 的資料夾便安裝完成。若
想變更安裝路徑，請點選〔Browse...〕。直接輸入路徑時，無法使用空格和
Unicode（如中文等符號），還請留意。

圖 1-10　選擇指定安裝資料夾

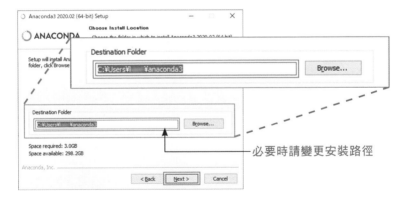

必要時請變更安裝路徑

接著是選擇安裝版本的畫面（圖 1-11）。畫面上顯示，是否於 Windows 的
環境變數 PATH 新增 Python 的資料夾，官方的建議是「不勾選」，因此這裡
維持不勾選即可。下方選項為預設，維持勾選狀態亦可。點選〔Install〕，
開始安裝。

圖 1-11　安裝選項維持官方預設即可

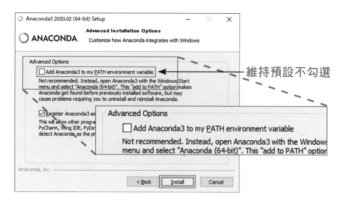

圖 1-11　安裝選項維持官方預設即可

維持預設不勾選

安裝的過程中，無其他須操作事宜（圖 1-12）。完成安裝後，畫面下方的按鈕便可點選，請點選〔Next〕。

圖 1-12　安裝中的畫面

最後會顯示 PyCharm 相關的資訊[*6]（圖 1-13）。這裡請直接點選〔Next〕，繼續下一步。

圖 1-13　畫面顯示 PyCharm IDE 的相關資訊

*6　PyCharm 為 Python 的整合開發環境。本書並未使用 PyCharm，如欲使用 PyCharm，需另
　　外安裝。

顯示圖 1-14 的畫面時，就表示安裝完成了。請點選〔Finish〕。

圖 1-14　完成安裝

完成安裝之後，確認一下 Python 的安裝版本。Anaconda 的安裝完成後，
「Anaconda3」就會新增至開始功能表的選單上。點選「Anaconda Promp
（anaconda3）」，開啟命令提示字元，輸入以下命令：

```
> python --version
```

兩個連字號「-」為連續並列，請按範例輸入。輸入好指令後，按下 Enter
鍵，下一行就會顯示 Python 的版本（圖 1-15）。請確認是否顯示為「Python
3.x.x」。

圖 1-15　確認 Python 的版本

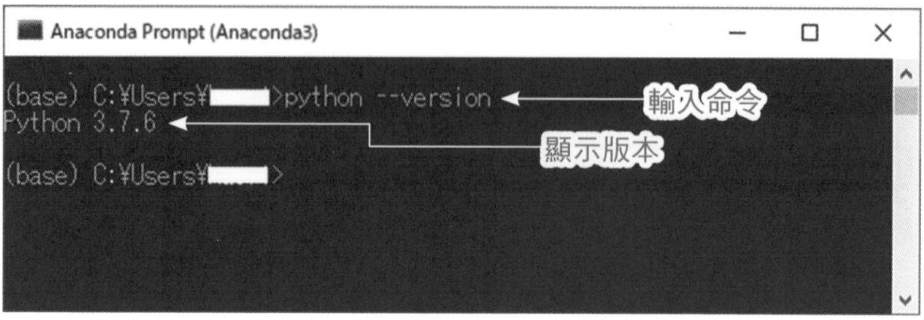

④ 使用互動式的直譯器

Python 具有互動式直譯器 [7] 的功能。如「互動式」的字面意思，它指的是
輸入命令（command），馬上就會回覆執行結果的功能。雖然無法編寫出完
整的程式，但可以輕鬆執行 Python 的命令，學起來好處多多。

[7]　用「直譯器的互動模式」來表示可能比較貼切。也被稱為「互動式命令直譯器」（interactive
shell）。

4.1　啟動 Python 直譯器

以下將介紹在 Windows 和 MacOS 啟動 Python 的方法。請依據您電腦的作
業系統閱讀對應章節。不同的作業系統，啟動方式稍有不同，但開啟之後
的操作方式基本上大同小異。

■ Windows

請於開始功能表依序點選 Anaconda3 → Anaconda Prompt（anaconda3），啟
動命令提示字元。接著，在「＞」符號後頭輸入：

```
> python
```

按下 Enter 鍵即可啟動 Python 直譯器。出現開頭為「>>>」的行，表示 Python 直譯器已啟動 [8]。

圖 1-16   正在啟動 Python 直譯器（Windows）

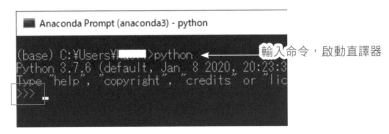

*8　Windows 命令提示字元顯示的「 > 」，或是 Python 直譯器的「>>>」，稱為「提示符號」（prompt）。為了與下一個章節說明的「...」做區別，Python 直譯器的「>>>」有時會稱為「主要提示符號」（ primary prompt ）。

■ MacOS

從 Finder，依序點開「應用程式」、「工具程式」的資料夾，就可以看到「終端機」。啟動終端機，然後輸入：

```
$ python
```

按下 Return 鍵即可啟動 Python 直譯器。出現開頭為「>>>」的符號，表示 Python 直譯器已啟動 [9]。

圖 1-17   正在啟動 Python 直譯器（MacOS）

```
●  ○  ○                    ⌂  kaori — python — 80×11
(base) tanijirikaorinoMacBook-Air2:~ kaori$ python ←── 輸入命令，啟動
Python 3.7.6 (default, Jan  8 2020, 13:42:34)                 Python 直譯器
[Clang 4.0.1 (tags/RELEASE_401/final)] :: Anaconda, Inc. on darwin
Type "help", "copyright", "credits" or "license" for more information
>>>
```

*9　終端機顯示的「$」，或是 Python 直譯器的「>>>」稱為「提示」。為了與下一個章節說明的「...」做區別，Python 直譯器的「>>>」有時會稱為「主要提示符號」。

讓我們來熟悉一下 Python 直譯器的操作方法吧。開頭顯示「>>>」時，表示為可輸入 Python 指令的狀態。首先，輸入：

```
>>> print('abc')
```

按下 Enter 鍵（或 Return 鍵）後，下一行應該會出現「abc」（圖 1-18）。

圖 1-18　執行 print('abc')

print() 是把輸入 ( ) 裡的字串和變數值，輸出於畫面上的指令。圖 1-18 為執行指令的結果，於下一行顯示「abc」。

執行結果的下一行會再顯示「>>>」，等待下一個指令的輸入。這次請執行指令：

```
>>> apple = 100
```

此指令為「將 100 代入變數 apple」。現在不瞭解這麼做的意義也沒關係，總之先按照上面的步驟執行看看。執行這個指令之後，無執行結果，因此下一行會再次顯示「>>>」，等待下一個指令的輸入。你心裡可能會想說：「這樣我怎麼知道指令到底執行了沒有？」但下一行顯示的提示符號「>>>」，就是確實執行了指令的證據。如果未執行成功時，畫面會顯示如「****Error」[10] 的訊息。詳細請參考後面的專欄。

*10 「****」的內容會因錯誤訊息而有所不同。

接著，讓我們確認一下是否確實執行了「apple = 100」。如下只輸入變數名稱，然後按下 Enter 鍵（或 Return 鍵），這裡應該會顯示「100」：

```
>>> apple
```

此外，使用剛才的 print()，也可以得到相同的執行結果（圖 1-19）：

```
>>> print(apple)
```

圖 1-19　把值代入變數確認結果

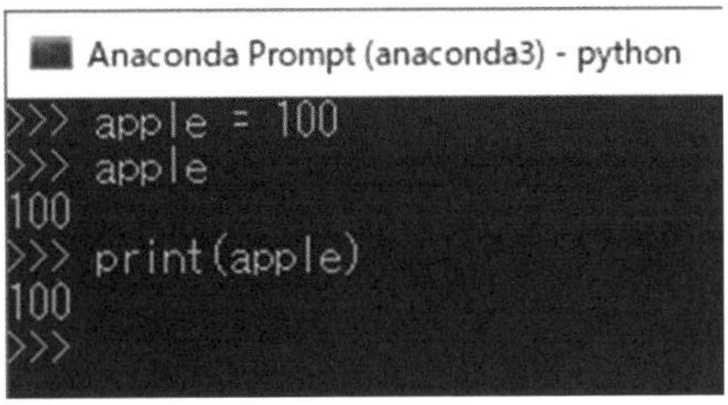

輸入指令的過程中，若不小心按到 Enter 鍵，下一行顯示的提示符號會變成「...」[11]。這表示「指令未完」。繼續輸入指令，按下 Enter 鍵，就可以確實執行指令（圖 1-20）。

圖 1-20　「...」代表延續上一行

「print(apple)」中途換了行，只要繼續把「print(apple)」輸完，就可以得到相同的 apple 值。

*11　為了與「>>>」做區別，「...」有時也會稱為次要提示符號（secondary prompt）。

當輸入的指令有誤時，Python 一定會顯示錯誤訊息。比方說，如果想確認變數 apple 的內容，但輸入時不小心打錯成「aple」，就會出現以下訊息。

```
>>> aple
Traceback (most recent call last):
  File "<stdin>", line 1, in <module>
NameError: name 'aple' is not defined
```

最後一行是錯誤的內容:「'aple' 這個名稱尚未定義」。訊息提供了修改錯誤的提示，不擅長英文的人也請試著讀讀看。

4.3 輸入多行的語法

多行語法的輸入，也就是由條件判斷、迴圈和函式等多行語法所構成的指令，詳細將於「6 Python 入門」的小節進行說明。輸入多行語法時，一般習慣於第二行之後縮排。

比方說，下面的 tax_include() 是為了計算含稅金額所設計出來的函式。程式將輸入的數值乘上 1.1 倍後，以整數回傳結果。

```
>>> def tax_include(price):
...     tax_in = int(price * 1.1)
...     return tax_in
...
>>>
```

於第一行的最後輸入冒號「:」，然後換行，第二行的提示符號，就會變成表示持續輸入指令的「...」。這裡請空四格，然後於第二行輸入指令。換行後，會再次出現「...」。同樣的，請空四格，然後於第三行輸入指令。tax_include() 的定義就到這裡結束。下一行「...」的後面，請不要輸入任何東西。換行後，程式就會執行前面輸入的指令，然後回到提示符號（>>>）。

如此一來，就可以使用 tax_include() 這個函式了。在終止 Python 直譯器之前，隨時都可以呼叫 tax_include() 出來使用。比方說，如下輸入指令，下一行就會顯示出「100」乘上 1.1 倍的答案。

```
>>> tax_include(100)
110
```

這裡是以函式為例說明，不過後頭的條件判斷和迴圈的寫法亦同。在 if 或 for 指令的最後輸入冒號「:」，下一行的提示符號就會變成「...」。然後在開頭插入四個空格，輸入指令。如果什麼指令都沒輸入，換行之後，就會執行指令。只要有一個地方輸入錯誤，就會發生錯誤，什麼也不會執行。這個時候，請重頭再輸入一次。為了避免發生「做白工」的狀況，輸入指令時請多留意。

由此來看，Python 直譯器不太適合編寫並執行多行程式。若利用 JupyterNotebook（稍後將為各位說明），程式的編寫會變得輕鬆很多。用 Python 直譯器確認簡單命令，拿 Jupyter Notebook 來編輯程式，分開使用更方便。

專欄 插入多行語法的方法

本書輸入多行語法時，插入了四個空格。只插入一個空格當然也可以，但輸入「多行語法」時，Python 的慣例是空四格。此外，輸入空格時，可能會想用 Tab 鍵替代 Space 鍵，但是 Python 直譯器的 Tab 鍵另有其他功能，有可能無法使用。為省去麻煩，記得「輸入多行語法要空四格」最保險。

4.4 結束 Python 直譯器

請於提示符號顯示的狀態下，執行以下命令。結束 Python 直譯器，使用 Windows 作業系統時，會回到命令提示字元；使用 MacOS 作業系統時，則可以回到終端機。

```
>>> exit()
```

一旦結束 Python 直譯器，之前使用的變數值和已定義的函式都會消失不見。讓我們再次啟動 Python 直譯器，執行看看前面定義的函式 tax_include()。執行的結果就是發生錯誤：「'tax_include' 這個名稱尚未定義」。

```
(base) C:\Users\xxxx>python        ← 啟動 Python 直譯器
Python 3.7.6 (default, Jan  8 2020, 20:23:39) [MSC v.1916 64 bit (AMD64)]
 :: Anaconda, Inc. on win32
Type "help", "copyright", "credits" or "license" for more information.
>>> tax_include(100)                        ← 執行 tax_include(100)
Traceback (most recent call last):
  File "<stdin>", line 1, in <module>
NameError: name 'tax_include' is not defined
>>>
```

好不容易編寫好的函式，卻在結束 Python 直譯器的同時一起消失了，這樣是不是太可惜了呢？如果可以把函式留下該有多好……。這裡如果使用下一個章節介紹的 Jupyter Notebook，就可以把所有的命令都保存在檔案裡，隨時呼叫出來執行。

5 使用 Jupyter Notebook

Jupyter Notebook 讓編輯、執行和管理程式等等作業，都可以在瀏覽器上進行。Jupyter Notebook 與 Python 直譯器一樣，能單獨個別執行指令，也可以一次執行多行指令。而且，在 Jupyter Notebook 上作業的內容，全部都可以保存到檔案裡，後續使用輕鬆又方便。

第 2 章之後的說明，是以使用 Juypter Notebook 為前提，因此這裡讓我們熟悉一下 Juypter Notebook 基本的使用方式吧。此外，安裝 Anaconda 時，已經一起安裝了 Jupyter Notebook，無須另外安裝。

使用 Windows 作業系統時，請從開始功能表，依序點選 Anaconda3 →
Jupyter Notebook（anaconda3）。

若作業系統為 MacOS 時，請從 Finder，依序點開「應用程式」、「工具程
式」的資料夾，開啟「終端機」。啟動終端機之後，請於提示符號「$」的
後頭輸入以下命令。

```
$ jupyter notebook
```

稍待片刻後，作業環境內建的網路瀏覽器就會啟動，顯示 Jupyter Notebook
的初始畫面。這個畫面稱為「首頁畫面」。首頁畫面顯示安裝於 Anaconda
的資料夾內容。這裡將是使用 Jupyter Notebook 時的根目錄。（圖 1-21）。

圖 1-21　啟動 Jupyter Notebook 後的畫面

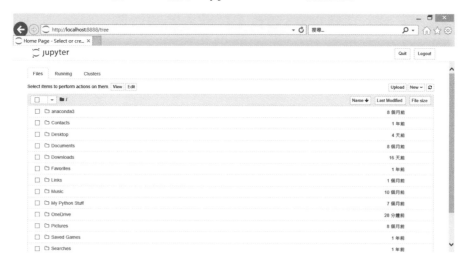

專欄 **Jupyter Notebook 的核心**

啟動 Jupyter Notebook 之後，在瀏覽器視窗出現之前，會出現如命令提示字
元（若使用 MacOS 則為終端機）的畫面（圖 1-22）。這是 Jupyter Notebook

的核心程式（kernel），它會在 Jupyter Notebook 的作業過程中一直運作。換言之，一旦關閉這個視窗，就無法使用 Jupyter Notebook，請多加留意。

圖 **1-22** **Jupyter Notebook** 的核心

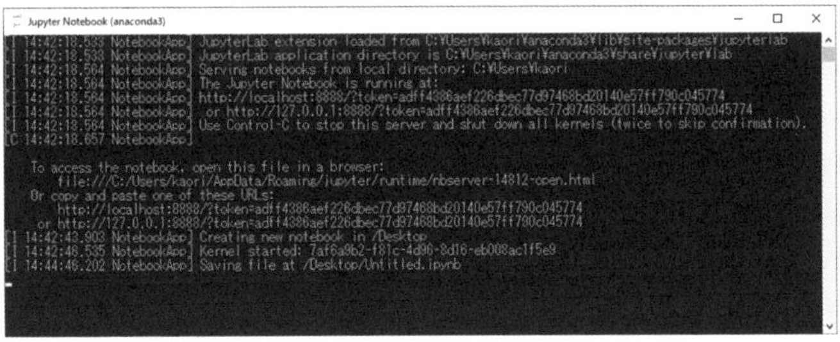

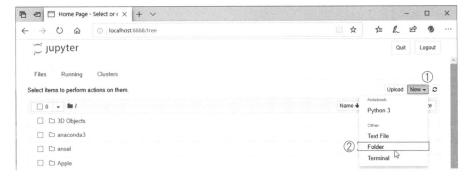

5.2 建立作業用的資料夾

在使用 Jupyter Notebook 撰寫程式之前，先建立作業用的資料夾吧。請點選畫面右上方的〔New〕，選擇表單中的「Folder」（圖 1-23），就會於根目錄建立名稱為「Untitled Folder」的資料夾。

圖 **1-23** 建立新的資料夾

29

建立時無法命名資料夾，必須從首頁重新命名。在檔名的左測勾選核選方塊，點選畫面左上方的〔Rename〕，就可以重新命名資料夾了（圖1-24）。

圖1-24　重新命名資料夾

把資料夾更改為如「PythonSample」這種淺顯易懂的名稱後，點選〔Rename〕。點選重新命名後的資料夾，就會移動到那個資料夾（圖1-25），之後就可以在這個資料夾裡進行作業。

圖1-25　開啟作業用的資料夾

5.3　建立新的 Notebook

終於要來撰寫第一個程式了。點選畫面右上方的〔New〕。此部分的操作跟剛才圖1-23建立新資料夾是一樣的。這次請選擇選單中的「Python3」（圖1-26）。

圖 1-26　建立新的 Notebook

點選「Python3」後，就會開啟新分頁，顯示新的 Notebook。之後使用這個 Notebook，編輯 Python 的程式（圖 1-27）。

圖 1-27　在新的分頁中開啟新的 Notebook

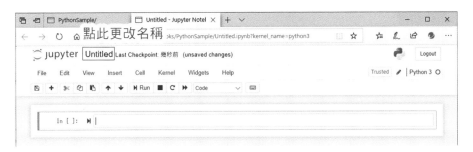

新建 Notebook 的預設名稱為「Untitled」。在畫面上點選「Untitled」，便可更改名稱，幫 Notebook 換上一個簡單好記的名稱吧，這個名稱也會是 Notebook 的檔名。

5.4　執行指令

開啟 Notebook，原本顯示檔案和資料夾的地方，就會顯示「In [ ]」，可以開始輸入程式碼。「In [ ]」右側的長方形區域叫作「cell」。請在此輸入 Python 的指令。點選 cell 左邊看起來像是「播放／停止」的按鈕，就會執行指令，結果顯示於 cell 的正下方（圖 1-28）。

圖 1-28　「cell」是輸入程式碼的欄位

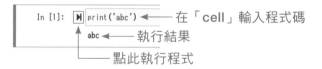

圖 1-28　「cell」是輸入程式碼的欄位

點選工具列上的〔＋〕按鈕，就可以新增 cell。新增 cell 後，再次輸入指令，這次點選工具列上的〔Run〕按鈕看看。這個時候會執行有游標的 cell，並新增 cell（圖 1-29）。

圖 1-29　執行程式，並新增 cell

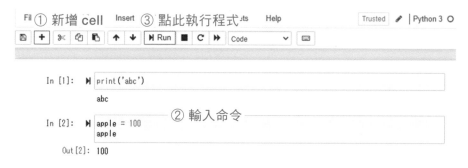

當輸入的內容有誤時，cell 的下方會顯示錯誤訊息（圖 1-30）。修改錯誤之後，請再次點選〔Run〕，執行程式。此外，In [ ] 和 Out [ ] 裡的數字代表 cell 執行的順序，每次執行之後都會自動更新。

圖 1-30　當輸入的程式有誤時，就會顯示錯誤訊息

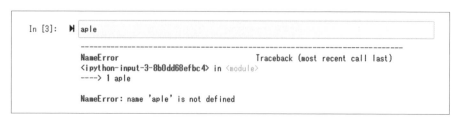

說明 Python 直譯器的使用方式時，我提到了多行語法所構成的指令，例如：條件判斷、迴圈和函式定義等等，於第二行後必須縮排的慣例。

但是在 Notebook，只要在行末插入冒號「:」，下一行就會自動縮排（圖 1-31）。前面提到 Python 直譯器「要空四格縮排」，但使用 Notebook .0 時，無須自行縮排。利用 Delete 鍵或 BackSpace 鍵，便可以移除縮排。

圖 1-31　輸入多行語法（定義函數程式敘述的例子）

```
In [4]:   ▶   def tax_include(price):
                  tax_in = int(price * 1.1)
                  return tax_in

              tax_include(100)

Out[4]:   110
```

這樣看下來應該可以知道，Jupyter Notebook 是以 cell 為單位執行程式。如果想一次只執行一個指令，請只在 cell 裡輸入一個指令。

使用 cell 選單，可以選擇指令的執行方式（圖 1-32）。比方說，選擇選單上的 Run Cells，就可以執行有游標的 cell。此外，點選選單的 Run All，就會從頭依順序執行 Notebook 裡所有的 cell 指令。如果想執行有游標 cell 之後的程式，請點選選單的 Run All Below。

圖 1-32　展開〔Cell〕的下拉式選單

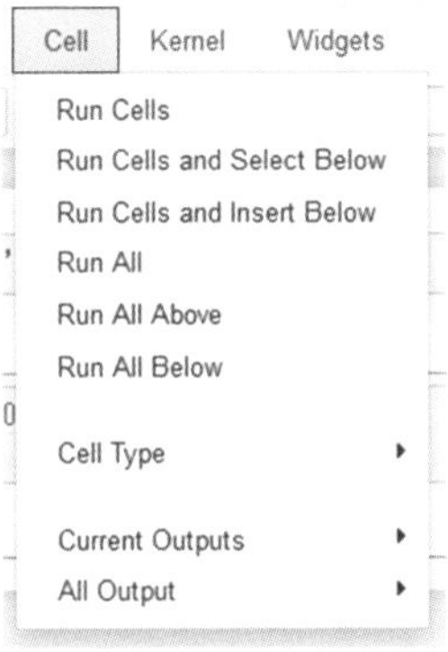

專欄 工具列有哪些功能？

圖 1-33 為 Notebook 編輯中所顯示的工具列。

圖 1-33　工具列上的命令按鈕

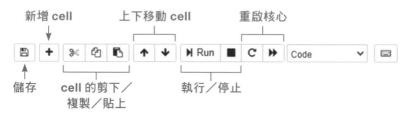

對電腦操作已經相當習慣的人，應該大致猜得出來這些按鈕的功能，而這裡想為各位介紹的是，「Code」按鈕左側兩個「重啟核心」按鈕的功能。

這兩個按鈕當中左邊的重新載入是「重啟核心」的按鈕。點選這個按鈕，Notebook 上所有執行的內容都會被初始化。「反覆修改執行了多次，已經搞不清楚變數的數值是多少了……」，這個時候就可以使用便利的初始化按鈕。你可以把這個功能想作是，把每一個 cell 都恢復到未執行的狀態。

點選兩者之中右邊的按鈕，就會在重啟核心之後，執行所有 cell 的命令。此外，選擇〔Kernel〕選單中的〔Restart & Clear Output〕，就可以重啟核心，清除所有 cell 執行的結果（圖 1-34）。

圖 1-34　展開 Kernel 的表單

Kernel	Widgets	Help
Interrupt		
Restart		
Restart & Clear Output		
Restart & Run All		
Reconnect		
Shutdown		
Change kernel ▶		

5.5 關閉 Notebook

Jupyter Notebook 會頻繁地自動儲存 Notebook 的內容。基本上編寫的內容不太可能會全部消失不見，但是在關閉 Notebook 之前，請務必儲存檔案。點選工具列最左邊的按鈕，就可以儲存所有內容（包含執行結果）。

請從〔File〕選單點選〔Close and Halt〕，關閉 Notebook（圖 1-35）。這樣就可以回到主頁。

圖 1-35　點選〔File〕選單的〔Close and Halt〕，關閉 Notebook

如果不按這樣操作，直接關閉視窗分頁，在關閉 Notebook 之後，程序仍會持續運作，請多留意（圖 1-36）。

圖 1-36　不要從視窗分頁直接關閉 Notebook

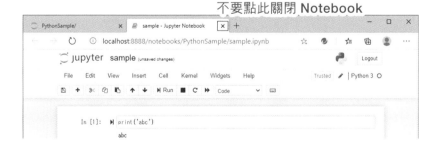

未使用〔Close and Halt〕關閉 Notebook 時，也可以從 Jupyter Notebook 的主頁個別關閉 Notebook。程序執行中的 Notebook，會於主頁畫面顯示為綠色圖示，這個時候請勾選前面的小方框，然後點選〔Shutdown〕（圖 1-37）。

圖 1-37　從主頁點選〔Shutdown〕按鈕關閉 Notebook

① 勾選小方框

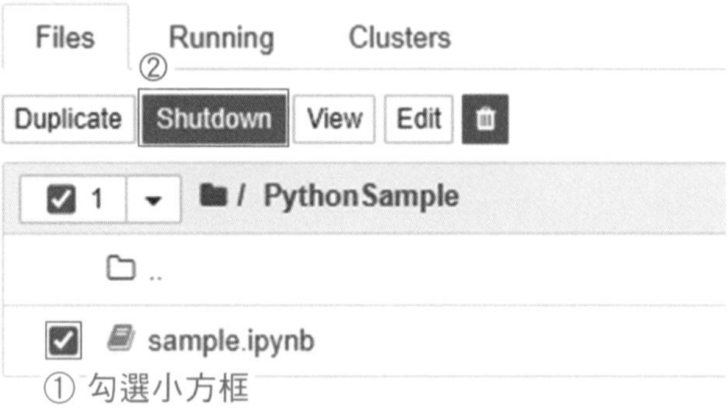

專欄 主頁畫面有哪些功能？

結束程序的 Notebook，會顯示黑色的圖示。在這個狀態下選擇 Notebook，就會出現如圖 1-38 的工具列。

圖 1-38　主頁的工具列

複製 Notebook

更改 Notebook 的名稱

開啟 Notebook

刪除 Notebook

5.6 結束 Jupyter Notebook

關閉所有的 Notebook 之後，請點選關閉瀏覽器的按鈕，關掉瀏覽器。然後選擇核心運作中的視窗，若為 Windows 系統，請按〔CTRL〕＋〔C〕鍵，結束 kernel。

若為 MacOS 系統，請按〔Control〕＋〔C〕鍵，當畫面出現「Shutdown this notebook server (y/[n])?」時，請點選「y」鍵。

```
Shutdown this notebook server (y/[n])?
```

這樣就可以結束核心運作，回到終端機（圖 1-39）。

圖 1-39　終止 Jupyter Notebook 的核心（MacOS 系統）

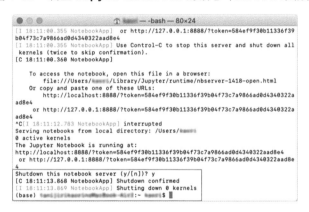

⑥ Python 入門

本書把 Python 當作加深理解數學的工具使用。因此，從第二章開始將以數學的講解為主。程式經驗尚淺的人，或是還不熟悉 Python 程式編寫的人，請閱讀以下 Python 程式的寫法。

不過，要完整說明 Python 所有的語法，可能要花上整本書的篇幅。因此，這裡僅說明理解本書內容所需最低限度的語法知識，還請理解。

6.1 變數

「變數」是程式中存放數值的容器。

```
變數名=值
```

像這樣利用式子，把值代入變數裡。比方說，把 100 代入名稱為 apple 的變數時，就如下輸入程式碼：

```
apple = 100
```

放入變數的值，可以在需要的時候隨時拿出來使用。比方說，如下輸入並執行程式碼：

```
apple
```

就可以叫出變數 apple 的內容，確認 apple 的值。而變數當然也可以搭配算式一起運用。比方說：

```
tax_in = apple * 1.1
```

執行上述程式碼，變數 apple 的值乘上 1.1 的計算結果，就會代入變數 tax_in。若想確認計算是否正確，只要如下輸入並執行指令，就可以確認 tax_in 的值。

```
tax_in
```

請開啟新的 Notebook，把上述的命令個別輸入到 cell 裡，並執行看看吧。執行結果如下：

```
In [1] :       apple = 100
```

```
In [2] :       apple
```

```
   Out [2] :   100
```

```
In [3] :      tax_in = apple * 1.1

In [4] :      tax_in

   Out [4] :  110.00000000000001
```

變數 tax_in 的值變成包含小數點的數值。這個現象名叫「浮點誤差」,是電腦以二進位表示所有資料所致的。我們沒辦法避免浮點誤差,但可以透過其他方法來處理。這部分會在下一節做說明。

專欄 命名變數

變數的名稱可以自由設定。為輕鬆辨識代入數值的意義,請幫變數取一個適當的名字。只不過,變數的名稱不能跟 Python 的指令同名。另外,命名變數時有以下慣例:

- 可以使用的文字為英文字母、數字和底線「_」。
- 第一個文字一定是英文字母。
- 英文字母大小寫有別。

6.2 資料的種類

變數可以代入數值、字串,以及表示數值成立不成立的布林值(Boolean value)。之後我會在「6.5　條件判斷」詳細說明布林值,這裡我們先來看數值和字串。

■ 數值

數值有兩個種類——整數（int 型態）和浮點數（float 型態）。程式語言中將兩者區分得非常清楚，但 Python 會依據代入變數的值，將數值自動轉換為 int 整數型態和 float 浮點數型態。比方說，執行以下程式碼之後，代入變數 apple 的是整數 100。

```
apple = 100
```

接著，執行：

```
tax_in = apple * 1.1
```

變數 apple 的值乘上 1.1 的值，也就是 100×1.1 的結果，會代入變數 tax_in。這裡如同我們所計算的「100×1.1 = 110」，變數 tax_in 的值應該是「110」，但實際上代入變數的值為浮點數「110.00000000000001」。是不是很神奇呢？

在電腦內部是以二進位表示所有的資料。十進位的 100 變換成二進位時是「1100100」，1.1 則是如「1.00011001100……」，小數點以下的值不斷延續。在這樣的規則下，100×1.1 的結果就變成「110.00000000000001」。再怎麼高性能的電腦也一定會發生浮點誤差。

小數點以下要到第幾位，是寫程式的人的自由。另外，也有方法可以捨去小數點以下的值，讓數值變成整數。在 Python，使用 int()，可以將浮點數轉換成整數。比方說，執行如下命令，「110」就會代入變數 tax_in。

```
In [1] :      tax_in = int(apple * 1.1)      #將「apple × 1.1」計算出來的結果
                                               轉換成整數

              tax_in


  Out [1] :   110
```

■ 字串

在 Python，是以單引號「'」或雙引號「"」來包住字串（str 型態）。下方是將「Hello」這個字串代入變數 message 當中，並確認字串內容的指令。欲顯示的值也是用單引號「'」包起來，用引號把「1234」包起來時，這也是字串，而非可以用在計算上的數值，請留意。

```
In [2] :      mesage = 'Hello'
              message

   Out [2] :  'Hello'

In [3] :      pin_code = '1234'
              pin_code

   Out [3] :  '1234'
```

第1章 Python 的前置準備與程式設計的基礎

專欄 **註解的寫法**

「註解」是在寫程式時的筆記。Python 是以 # 字號作為註解符號，# 後頭到行末為註解。

```
tax_in = int(apple * 1.1)      # 井字號之後均為註解
```

此外，連續使用三個引用符號（「'」或是「"」），可以標示多行註解。註解結束之後，一樣在最後輸入三個引用符號。

```
'''
第一行註解
第二行註解
'''
```

6.3 算式的寫法

表 1-1 為 Python 使用的數學運算符號，這些統稱為「算數運算子」。

表 1-1　算數運算子

運算子	意義
+	加
-	減
*	乘
/	除
//	商
%	餘數
**	指數

算術運算子的使用方式如下，等號「=」的左側為代入結果的變數名稱，右側為算式。

```
tax_in = apple * 1.1
```

等號「=」為「代入」的意思，將右邊的值代入左邊的變數，處理數值的運算。因此，下方的程式碼，表示將代入變數 tax_in 的值轉換為整數，然後取代 tax_in。

```
tax_in = int(tax_in)
```

執行上述指令，結果如下 [13]：

```
In [1] :      tax_in = apple * 1.1        #將「apple × 1.1」計算出來的結果代入 tax_in
              tax_in

  Out [1] :   110.00000000000001

In [2] :      tax_in = int(tax_in)        # 將 tax_in 的值轉換為整數，取代 tax_in
              tax_in

  Out [2] :   110
```

*13　因為換了章節，所以這裡介紹的程式碼，是假設各位開啟了新的 Notebook。

此外，Python 還有複合指定運算子，可同時進行算數運算和代入變數（表 1-2）。

表 1-2　複合指定運算子

運算子	寫法	使用算術運算子的寫法
+=	a += b	a = a + b
-=	a -= b	a = a - b
*=	a *= b	a = a * b
/=	a /= b	a = a / b
//=	a //= b	a = a // b
%=	a %= b	a = a % b
**=	a **= b	a = a ** b

按以下順序執行含複合指定運算子的指令，變數 orange 的值最後會變成 250。

```
In [3] :    orange = 200     # 將 200 代入 orange
            orange += 50     # 將 200 加上 50 後，代入 orange
            orange

Out [3] :   250
```

6.4　基本資料形態

在程式中，只能填入一個值到變數裡。但是若使用串列（list）、元組（tuple）和字典（dictionary），一個變數名稱可以包含多個值。本書在第二章之後將頻繁地使用串列 [14]，有時也會使用元組和字典 [15]。一起來看看如何使用這些資料吧。

[14]　使用資料繪製圖形時，會用到串列。

[15]　自訂函式的點坐標時，使用元組（第 5 章）；把值代入字串中的符號時，則使用字典（第 4 章）。

■ 串列型態

串列為排序並管理多個值的資料型態。如下用中括號「[ ]」將所有元素包起來。

```
變數名 = [ 元素 0, 元素 1, 元素 2, ……]
```

比方說,執行下面的程式碼,就可以把「1, 2, 3, 4, 5」這五個值代入名叫 x 的變數裡。

```
x = [1, 2, 3, 4, 5]
```

讓我們來確認一下:

```
x
```

輸入上述程式碼,執行之後就會顯示代入變數 x 的內容。此外,資料整體被「[ ]」包起來,由此可知 x 為串列型態的資料。

```
In [1] :      x = [1, 2, 3, 4, 5]

In [2] :      x

  Out [2] :  [1, 2, 3, 4, 5]
```

元素從 0 開始編號,元素排列依序為 0、1、2……。這叫做「索引值」。想取得串列的值時,如下使用索引值:

```
In [3] :      x[0]    # 參考前面的元素

  Out [3] :  1
```

因為索引值從 0 開始排列,最後一個元素的索引值為「元素個數值 - 1」。例如,此例的元素個數值為 5,最後一個元素的索引值則為「4」。若指定索引值範圍外的值,就會出現如下例最後一行「超出索引值」的錯誤訊息。

```
In [4] :        x[5]      # 若指定不存在的索引值……
                IndexError        Traceback (most recent call last)
                <ipython-input-13-df3e65441209> in <module>
                ----> 1 x[5]
                IndexError: list index out of range
```

串列的內容是可以變更的。比方說，如下執行指令，就可以把第一個元素
的值變更為 100。

```
In [5] :        x[0] = 100        # 把 100 代入第一個元素。
                x                 # 確認 x 的內容

   Out [5] :    [100, 2, 3, 4, 5]
```

此外，利用 append()，可以新增元素到串列的尾端。

```
In [6] :        x.append(200)     # 新增值
                x                 # 確認 x 的內容

   Out [6] :    [100, 2, 3, 4, 5, 200]
```

■ 元組型態

元組跟串列一樣，是排序並管理多個值的資料型態。如下用小括號「( )」
把所有元素包起來。

```
變數名 = ( 元素 0, 元素 1, 元素 2, ……)
```

比方說，執行下面的程式碼，就可以把「100, 200」這兩個值代入名叫 p1
的變數裡。

```
p1 = (100, 200)
```

讓我們來確認一下。請只輸入下面的程式碼，並執行看看。

```
p1
```

執行的結果如下。值全部被小括號「( )」包起來，由此可知 p1 為元組型態
的資料。

```
In [7] :      p1 = (100, 200)
```

```
In [8] :      p1
```

```
  Out [8] :   (100, 200)
```

元組也可以使用索引，取得個別的元素。第一個元素的索引值為 0，最後一
個元素的索引值為「元素數－ 1」。

```
In [9] :      p1[0]
```

```
  Out [9] :   100
```

到這裡為止，都跟串列一樣，但元組無法變更已代入的元素。若輸入變更
指令，就會出現錯誤訊息：「TypeError: 元組物件不支援新增元素」。

```
In [10] :     p1[0] = 1      # 如果想更改第一個元素……
              TypeError            Traceback (most recent call last)
              <ipython-input-19-e08c9984a734> in <module>
              ----> 1 p1[0] = 1
              TypeError: 'tuple' object does not support item assignment
```

■ 字典型態

字典也是可以用一種變數，管理多個值的資料型態。字典與串列和元組不
同的地方在於，字典不使用索引值，而是以「鍵值（key）」和「值」的組
合管理多個資訊。如下用大括號「{ }」把所有元素包起來，鍵值和值中間
以冒號「:」區隔。

```
變數名 = { 鍵值 1: 值 1, 鍵值 2: 值 2, 鍵值 3: 值 3, ……}
```

比方說，執行以下程式，就可以把 apple 和 orange 兩個鍵值，及其個別的
值 100 和 200，存放到名叫 items 的變數裡。

```
items = {'apple': 100, 'orange': 200}
```

讓我們查看一下 items 的內容。輸入以下程式碼，執行之後就會顯示存放的
鍵值和值。

```
items
```

此外，資料整體被「{}」包起來，由此可知 items 為字典型態的資料。

```
In [11] :      items = {'apple': 100, 'orange': 200}

In [12] :      items

   Out [12] : {'apple': 100, 'orange': 200}
```

透過鍵值，可取得字典的元素。鍵值的值是可以更改的。

```
In [13] :      items['apple']    # 取得 apple 鍵值的值

   Out [13] : 100

In [14] :      items['apple'] = 500      # 修改 apple 鍵值的值
               items                     # 查看 items 的內容

   Out [14] : {'apple': 500, 'orange': 200}
```

6.5 條件判斷

若變數 apple 的值為 100，畫面就會顯示「OK」，若值並非 100，則畫面會顯示「NG」。將變數的值拿去跟其他的值比較，依判斷的結果，做不同的處理，這就叫作「條件判斷」。英文的 if 為「若」，else 代表「若非」。Python 程式直接使用 if 和 else 來做運算。具體來說，如下在指令的最後輸入冒號「:」，然後在下一行縮排，輸入判斷後的處理方式。

```
if 條件式:
    判斷條件式為真時的處理方式
        ⋮
else:
    判斷條件式為假時的處理方式
        ⋮
```

if 的後面為條件敘述，把變數的值，拿去跟條件的值比較。比方說，如果條件敘述是「若變數 apple 的值為 100」，條件式的程式碼如下編寫。

```
apple == 100
```

由此判斷變數 apple 的值是否等於 100。== 是表示「等於」的運算子，除此之外，還可以運用表 1-3 的運算子來做其他判斷。此稱為「比較運算子」。

表 1-3　比較運算子

運算子	運算子
==	等於
!=	不等於
<	小於（未滿）
>	大於
<=	小於或等於（以下）
>=	大於或等於（以上）

條件式判斷的結果一定為真（True）或假（False）。真值和假值又稱為布林值。

讓我們執行看看下面的命令。先把 100 代入變數 apple，與條件「apple==100」比較判斷的結果為真。此時就會執行 if 的敘述區塊[16]，畫面顯示「OK」，而 else 的敘述則不會執行。

*16　if、else、將於下一節說明的 for，以及函式所執行的處理，其程式敘述都必須縮排。這部分稱為「區塊」。

```
In [1] :    apple = 100        # 將 100 代入 apple
            if apple == 100:   # 若 apple 的值等於 100
                print('OK')    # 則輸出「OK」
            else:              # 若非
                print('NG')    # 則輸出「NG」

Out [1] :   OK
```

我們在這裡新增 cell，這次指定 apple 的值為 50，執行看看。條件式與「apple==100」比較，判斷為假，此時只會執行 else 敘述區塊。

```
In [2] :    apple = 50         # 將 50 代入 apple
            if apple == 100:   # 若 apple 的值等於 100
                print('OK')    # 則輸出「OK」
            else:              # 若非
                print('NG')    # 則輸出「NG」

Out [2] :   NG
```

else 的敘述區塊是可以省略的。讓我們按下面的順序，執行命令看看。先把 50 代入變數 apple，與條件「apple==100」比較判斷的結果為假，因此不會執行 if 的程式區塊，只會執行確認 apple 值的指令。

```
In [3] :    apple = 50         # 將 50 代入 apple
            if apple == 100:   # 若 apple 的值等於 100
                print('OK')    # 則輸出「OK」
            apple              # 查看 apple 值
```

```
Out [3] :    50
```

6.6 迴圈結構

我們利用 for 迴圈敘述，重複執行相同的程式。在行末輸入冒號「:」，然後於第二行縮排，敘述重複執行的程式區塊。

```
for 計數器 in range( 重複執行的次數 ):
    重複執行程式區塊
      ⋮
```

計數器（counter）是計算重複次數的變數。計數器的名稱並無特別規定，但一般習慣以 i 來表示。

range() 是產生數列的函式，如：0、1、2……。執行下列的指令，畫面就會顯示 0、1、2、3、4 的數列[17]。

```
In [1] :      for i in range(5):        # 重複執行 5 次
                  print(i)               # 輸出 i 的值


              0
              1
              2
              3
              4
```

[17] 使用 print() 將值輸出到畫面，輸出時不會顯示 Out []。

指定兩個引數給決定重複次數的函式 range()，就可以產生指定範圍的連續數值。執行下面的命令，計數器的值就會於 11 到 14 的範圍重複執行 4 次，輸出值 11、12、13、14。

```
In [2] :       for i in range(11, 15):    # i 的值於 11 到 14 之間重複執行
               print(i)                   # 輸出 i 的值
               11
               12
               13
               14
```

有些人可能會覺得「重複的範圍不是 11 到 15 嗎？」但請注意，range() 產生的連續數值，並不包含指定區間的結束值。想讓計數器的值於 11 到 15 之間重複執行時，必須如下指定引數。

```
In [3] :       for i in range(11, 16):    # i 的值於 11 到 15 之間重複執行
               print(i)                   # 輸出 i 的值

               11
               12
               13
               14
               15
```

6.7　函式

只要給定價格，就會計算出包含消費稅的含稅金額；這種針對輸入內容做處理，然後回傳結果的機制稱為「函式」。Python 可以利用 def 語法自訂函式。如下於行末的最後輸入冒號「:」，然後縮排，輸入希望函式處理的內容。

```
def 函式名 ( 引數 1, 引數 2, 引數 3 ……):
    於函式進行處理
        ⋮
    return 回傳值
```

函式的名稱可以自由設定。為輕鬆辨識處理的內容，請幫函式取一個適當的名字。只不過，函式的名稱不能跟 Python 的指令同名。

函式名稱後頭的小括號「( )」是函式接收的值，又稱為「引數」。不使用引數時，也一定要以「( )」的方式敘述。

函式中進行的處理，請於第二行縮排後敘述，並於最後寫下 return 敘述，表示函式的定義結束。

想呼叫函式中處理的結果，並回到原本的狀態時，請於 return 後面繼續敘述。這叫作「回傳值」[18]。

*18　若無須呼叫、回傳結果，可以省略 return 敘述。

讓我們定義一下計算含稅金額的函式「tax_include」吧。假設原本的價格為引數 price；第二行為含稅金額的運算式，此範例假設稅率為 10%；第三行為呼叫運算結果並將之轉換為整數後，回到原本狀態的指令。

```
In [1] :        def tax_include(price):
                    tax_in = price + (price * 0.1)
                    return int(tax_in)
```

若輸入的內容無誤，執行這個 cell 之後，就可以在同一個 Notebook 裡使用 tax_include() 函式。若想利用定義好的函式，請如下將變數代入函式的回傳值，並呼叫函式[19]。

```
變數名稱 = 函式名稱 ( 引數 1, 引數 2, 引數 3 ……)
```

*19　若沒有函式的回傳值，就會執行「函式名稱 (引數 1, 引數 2, 引數 3 ……)」。

```
In [2] :        sell_price = tax_include(1000)
                sell_price

  Out [2] :     1100
```

當函式有多個引數時，需留意排列順序。下面的 tax_include2() 為接收稅率和價格的值，並計算含稅金額的函式。此函式是以引數可以按「稅率」、「價格」的順序接收值的方式定義。因此，執行 tax_include2() 時，請依據這個順序輸入引數。若順序錯誤，就無法得到正確的結果。這裡我們也換個順序執行看看。

```
In [3] :        def tax_include2(tax, price):     # tax: 稅率、price: 價格
                    tax_in = price + (price * tax * 0.01)
                    return int(tax_in)

In [4] :        sell_price = tax_include2(8, 1000)        # 8%、1000 元
                sell_price

  Out [4] :     1080

In [5] :        sell_price = tax_include2(1000, 8)        # 1000%、8 元？
                sell_price

  Out [5] :     88
```

6.8 模組的匯入

Python 除了標準的基本功能之外，還提供了非常多的功能，如：「模組」和「套件」等等。本書第二章之後也使用以下的模組 [20]（表 1-4）。

表 1-4　本書使用的主要模組和功能

模組名稱	主要功能
Random	產生亂數
Math	數學函式
CSV	CSV 檔案的匯入匯出
Matplotlib.Pyplot	繪製圖形
Matplotlib.Font_Manager	字型管理
NumPy	數值運算
SymPy	代數運算

[20]　除了 Random 模組、Math 模組和 CSV 模組為 Python 的標準函式庫之外，其他均為外部函式庫。使用 Anaconda Distribution，除了標準的函式庫外，還會一併安裝上述多種外部函式庫。

各模組內建許多便利的函式。在使用這些函式之前，必須先匯入模組。匯入指令如下：

```
import 模組名稱
```

比方說，匯入以下模組，執行下面的指令後，便可使用 Random 模組內的 random() 和 randint() 等等產生亂數的函式。

```
import random
```

在程式中使用匯入的模組函式時，必須用點「.」連結模組名稱和函式名稱，如下輸入語法，呼叫模組的函式：

```
模組名稱 . 函式名稱 ( 引數 1, 引數 2, 引數 3 ……)
```

以下為使用內建於 Random 模組中，產生隨機亂數函式的程式碼例子。

```
In [1] :      import random     # 匯入 Random 模組
              random.random()   # 執行 Random 模組的函式 random()

  Out [1] :   0.6395203737221042

In [2] :      random.randint(1, 6)      # 執行 Random 模組的函式 randint()

  Out [2] :   4
```

我們來仔細看看匯入函式的程式碼吧。在匯入模組時，執行下面的程式碼後，可以用別名取代模組名稱呼叫模組。

```
import 模組名稱 as 別名
```

例如，如下將 Matplotlib.Pyplot 模組取別名「plt」，並匯入到函式庫。

```
In [3] :      import matplotlib.pyplot as plt      # 取別名為「plt」匯入
              x = [1, 2, 3, 4, 5]
              y = [4, 2, 5, 1, 3]
              plt.plot(x, y)   # 執行 Matplotlib.Pyplot 模組的 plot()
              plt.show()       # 執行 Matplotlib.Pyplot 模組的 plot()
```

此外，第二章之後使用模組時，只有第一次出現的程式才會敘述 import 語法。其後的程式和說明，均以已經匯入模組為前提。在同一個 Notebook 裡，只要執行一次匯入，其後的 cell 都可以執行已匯入的指定模組。

在 Python 的程式中，副檔名為 .py 的檔案稱為「模組」。除了表 1-4 所介紹的模組外，Python 還有許多公開的模組，可以視需要使用。此外，雖然本書並未介紹具體方法，但 Python 還可以將自己寫的程式模組化。模組化之後，在寫其他程式時，也可以匯入模組，並再次使用其功能。

而「套件」就像是彙整了許多模組的資料夾。這裡已經介紹過「Matplotlib. Pyplot 模組」了，但這樣描述應該更加精準：Matplotlib 套件匯集了視覺化資料的模組，以及包含於前者的繪製圖形模組 Pyplot。

此外，在程式設計的世界，一般習慣把呼叫並使用其他程式的程式稱為「函式庫」。而 Python 則大多把模組和套件統稱為函式庫。

第 **2** 章
表示直線的圖形

「請用直尺，在這張紙上畫直線。」如果有人這樣要求你，你會畫出什麼樣的直線呢？橫的？直的？還是斜的呢？畫直線很簡單對不對？但如果請你正確地說明現在畫的直線，你有辦法說明清楚嗎？

這個時候就是數學派上用場的時候了。使用數學式，不僅可以正確地表達這條直線，任何人都能夠重現出同樣的直線。接著，讓我們來看看，該怎麼用數學式來表示直線，並用 Python 的程式進行確認吧。

1 直線與圖形

假設我們用直尺畫圖 2-1 的直線，你會怎麼說明這條直線呢？「一條由左向右上升的直線」，這樣說明不夠充分，因為「由左向右上升」，直線傾斜的程度每個人有各自的解讀。

圖 2-1　隨便畫的一條直線

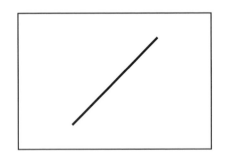

想正確表達這條直線，必須用上「直角坐標系」。聽起來好像很難，換個方式說，就是把直線當作是圖形，正確地表達而已。

直角坐標系是以 x 作為橫軸，y 作為縱軸，兩個坐標軸互相垂直的坐標系。x 軸由左往右，y 軸由下往上，為正向，也就是值漸增的方向。使用這個坐標系，可以表示平面上的點 (x, y)。比方說，圖 2-2 的點 A 為 (2, 3)，點 B 為 (-3, -4)。

圖 2-2　直角坐標系

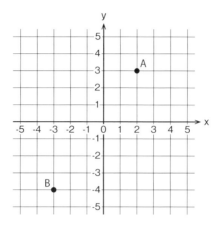

接著，我們把圖 2-1 畫的直線，拿去跟坐標系疊在一起，就可以找出對應的坐標（圖 2-3）。

圖 2-3　把剛才的直線拿去跟坐標系疊在一起……

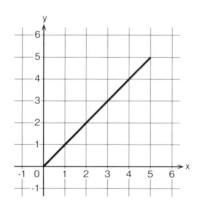

把找到的對應點列成表 2-1，可以發現 x 坐標和 y 坐標同值，也就是說，這條直線可以用式子 $y = x$ 來表示。

表 2-1　圖 2-3 直線上的點

x坐標	0	1	2	3	4	5
y座標	0	1	2	3	4	5

2 用 Matplotlib 畫圖形

如果你向人說明「我畫的是 $y = x$ 的直線」，有些人可能根本聽不懂，但數學好的人，不用看你畫的線，腦中就會浮現出一模一樣的直線。直線是用數學式來表現，所以也可以用電腦重現。就讓我們來試試看吧。

程式 2-1 是以 x 的值為 0 到 5 的範圍，繪製圖形 $y = x$ 的程式。請開啟新的 Notebook，並於第 1 行輸入以下程式碼。如第 1 章所說明的，「#」之後的敘述為註解。註解跟程式的動作無關，未必一定要輸入。

程式 2-1 $y = x$ 的圖形

```
1. %matplotlib inline
2. import matplotlib.pyplot as plt
3.
4. x = [0, 1, 2, 3, 4, 5]          # x 坐標
5. y = x                            # y 坐標
6.
7. plt.plot(x, y)                   # 繪製直線
8. plt.show()                       # 顯示圖形
```

讓我們從頭來看看這個程式吧。第 1 行不是 Python 的指令，而是 Jupyter Notebook 的指令，為的是在 cell 的正下方顯示圖形。因此，真正的 Python 程式是從第 2 行開始。

請看第 2 行。繪製圖形會使用內建於 Matplotlib 套件裡的 Pyplot 模組，所以執行以下程式後，請將 Matplotlib.Pyplot 模組取別名為 plt 後載入。

```
import matplotlib.pyplot as plt
```

使用繪製點和直線的指令時，只要輸入「plt」，就可以呼叫出「matplotlib.pyplot」。

在第 4 行，把 0 到 5 的值代入串列型態的變數 x；然後於第 5 行 $y = x$，敘述表示直線的式子。程式中的等號「 = 」為代入的意思，這裡指定變數 y 與 x 為同值。而第 7 行的指令，則是把指定的坐標連成線。

```
plt.plot(x, y)
```

分別把 [0, 1, 2, 3,4, 5] 代入 x 和 y，因此這個指令可以將坐標 (0, 0) 和 (1, 1)、(1, 1) 和 (2, 2)、(2, 2) 和 (3, 3)、(3, 3) 和 (4, 4)、(4, 4) 和 (5, 5) 連成線。最後一行的 show() 是將繪製好的圖形顯示於畫面的指令。

執行這個程式，就會顯示圖 2-4 的圖形。的確是由左往右上升的直線，但斜率比圖 2-3 的直線還和緩。明明坐標跟表 2-1 一模一樣，但是畫出的直線卻不一樣，這實在讓人有點難以接受，對不對？

圖 **2-4**　執行程式 **2-1** 的結果

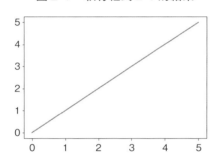

繪製圖形的範圍叫作「圖軸範圍」（plot），若程式未特別指定圖軸範圍的大小，就會變成如圖 2-4 長方形的樣子。此外，為了讓圖形全部容納於圖軸範圍當中，縱橫軸的刻度會自動調整。仔細看看圖 2-4 就可以發現，橫軸刻度比縱軸刻度稍微大了點。結果就是使圖 2-4 直線的斜率，較圖 2-4 和緩。但即便知道原因出在什麼地方了，畫不出一樣的圖形實在很惱人。

這裡讓我們新增 cell，如下輸入程式 2-2。

程式 2-2 讓縱軸和橫軸的刻度相等繪製圖形

```
9. x = [0, 1, 2, 3, 4, 5]          # x 坐標
10. y = x                          # y = x
11.
12. plt.plot(x, y)
13. plt.axis('equal')             # 讓縱軸和橫軸的刻度相等
14. plt.grid(color='0.8')         # 繪製網格（淡灰色）
15. plt.show()
```

這個程式可以讓縱軸和橫軸的刻度相等，繪製圖形。為了能夠輕鬆辨識坐標，所以也畫上了淡灰色的網格（刻度的輔助線），這部分為第 5 行和第 6 行。除此之外，都跟程式 2-1 一樣。執行這個程式後，就會出現圖 2-5 的圖形。圖 2-5 和圖 2-3 的直線一模一樣，心情應該很舒坦吧。另外，axis() 和 grid() 是調整圖軸範圍外形的指令，一定要在 show() 之前執行。

圖 2-5 執行程式 2-2 的結果

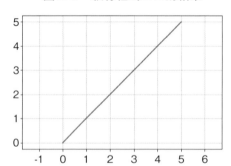

3 比例式

我們已知 $y = x$ 可以表示直線。接著來看看，修改這個數學式，直線會發生什麼變化吧。

假設這裡有一公升的寶特瓶。把水裝進去後，重量為 1 公斤 [*1]。裝水的寶特瓶數和重量的關係（分別以 x 和 y 來表示），可以整理成表 2-2。

表 2-2　一公升的寶特瓶數和重量的關係

寶特瓶數（瓶）x	0	1	2	3	4	5
重量（公斤）y	0	1	2	3	4	5

若寶特瓶的瓶數為 x，重量為 y，就可以排列出跟圖 2-3 圖形相同數量的坐標（表 2-1）。同樣的，表 2-3 表示兩公升的寶特瓶數和重量的關係。

表 2-3　兩公升的寶特瓶數和重量的關係

寶特瓶數（瓶）x	0	1	2	3	4	5
重量（公斤）y	0	2	4	6	8	10

如果 x 值變成兩倍，y 值也會變成兩倍；x 值變成三倍，y 值也會變成三倍（圖 2-6）。x 為兩倍，y 也為兩倍，三倍時亦同，這部分跟表 2-2 相同。

圖 2-6　x 與 y 的關係

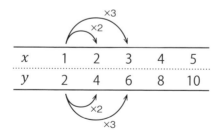

---

*1　這裡不考慮寶特瓶的淨重。

像這樣，我們把 x 與 y 等比例變化的現象，稱為「y 與 x 成正比」，以式子表現如下：

$$y = ax \ (a \neq 0) \quad \text{——公式}❶$$

a 為「比例常數」，改寫一下公式❶，便可以求出 a 值（$a = \frac{y}{x}$）[*2]。

表 2-2 的比例常數為 1。我在前一節這樣說明：「因為從圖形取得的 x 和 y 的值相等，因此圖 2-3 的直線可以用 $y = x$ 來表示」，但其實這樣說明更貼切，「y 和 x 為比例關係，其比例常數為 1」。

[*2] 但 $x \neq 0$ 的時候才有辦法求出比例常數。

4 函數與圖形

這裡請再看一次剛才的比例式。

$$y = ax \ (a \neq 0)$$

給定 x 為某一個值，就可以決定 y 的值，因此我們也可以說「y 是 x 的函數」。在前一節，程式 2-1 和程式 2-2 是直接給定坐標，來繪製圖形；我們把同樣的處理方式，寫進使用程式，用函式處理看看。下面程式 2-3 的前面兩行，是函式的定義。

程式 2-3　使用函數的 $y = x$ 圖形

```
1. def func_1(x):
2.     return x                    # y = x
3.
4. x = []
5. y = []
6. for i in range(0, 6):           # i 為 0 到 5 之間
7.     x.append(i)                 # 新增 i 到 x
8.     y.append(func_1(i))         # 新增 func_1() 的結果到 y
```

```
9.
10. plt.plot(x, y)
11. plt.axis('equal')
12. plt.grid(color='0.8')
13. plt.show()
```

第 1 行是產生函式 func_1 的指令。第 2 行的 return 敘述，把接收的引數 x
直接呼叫出來，然後傳回呼叫處。這樣與 $y = x$ 進行相同處理的函式就完
成定義了。

第 4 行到第 8 行是將值代入 x 和 y；第 4 行到第 5 行預先建立空白串列後，
如下第 6 行指的是 i 值的範圍為 $0 \leqq i < 6$，也就是於 0 到 5 之間重複執行指
令的意思。

```
for i in range(0, 6):
```

如第 1 章所說明的，range() 產生的連續數值，並不包含指定區間的結束值，
請多加留意。

第 7 行到第 8 行的 append()，是新增值到串列的指令。也就是說，完成這個
迴圈處理之後，就會把 [0, 1, 2, 3, 4, 5] 指定給串列 x，然後把 func_1() 的執
行結果──同樣為 [0, 1, 2, 3, 4, 5] 代入串列 y。

第 10 行之後為繪製圖形的命令。執行程式 2-3（圖 2-7），就會顯示跟程式 2-2
相同結果的圖形（圖 2-5）。

圖 2-7　執行程式 2-3 的結果

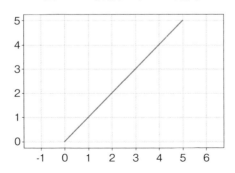

看起來好像有點複雜，但程式 2-3 便利的地方就在於，可以輕鬆指定圖形的範圍。比方說，在 x 值於 -10 到 10 的範圍內繪製 $y = x$ 圖形時，只要如下修改 range() 引數，更改顯示區間即可。

```
for i in range(-10, 11):
```

這樣就可以更改 x 的範圍，繪製出圖形（圖 2-8）。

圖 **2-8**　利用程式 **2-3**，在 $-10 \leqq x < 11$ 的範圍繪製圖形

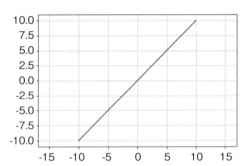

這應該比程式 2-1 和程式 2-2 改寫代入 x 坐標的方式，還要輕鬆簡單對不對？其實還有其他方法，可以讓程式碼的改寫更有效率，這部分將於最後一章介紹給各位。

程式 2-3 另一個優點，那就是定義好函式之後，可以輕鬆修改 $y = ax$ 的 a 值。比方說，兩公升的寶特瓶數（x）和重量（y）的關係，可以用 $y = 2x$ 來表示[*3]，因此如下定義函式，我們就可以求出對應 x 的 y 值。

```
def func_2(x):
    return 2 * x
```

程式 2-4 使用函式 $y = 2x$ 繪製圖形，圖 2-9 為其結果。這個跟 $y = x$ 的圖形有什麼不一樣呢？

程式 2-4　$y = 2x$ 的圖形

```
14. def func_2(x):
15.     return 2 * x                    # y = 2x
16.
17. x = []
18. y = []
19. for i in range(0, 6):               # i 為 0 到 5 之間
20.     x.append(i)                     # 新增 i 到 x
21.     y.append(func_2(i))             # 新增 func_2() 的結果到 y
22.
23. plt.plot(x, y)
24. plt.axis('equal')
25. plt.grid(color='0.8')
26. plt.show()
```

圖 2-9　執行程式 2-4 的結果

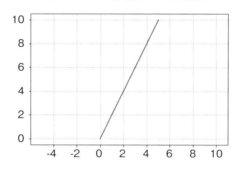

*3　$\frac{y}{x}$ 可求出比例常數，$\frac{2}{1} = 2$。

5 什麼決定了直線的斜率？

由前面的章節可知，用 $y = ax$ 的式子可以畫出直線（繪製圖形）。請看圖 2-10 的圖形。

圖 2-10　$y = x$、$y = 2x$ 的圖形

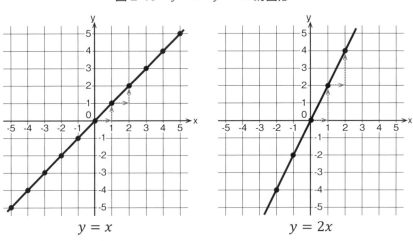

$y = x$　　　　　　　　　　　$y = 2x$

左圖為 $y = x$，右圖為 $y = 2x$。看來只要 $y = ax$ 的 a 值變了，直線的斜率就會發生變化。

從圖 2-10 可知，直線的斜率就是「當 x 增加 1 時，y 增加的值的多寡」。我們可以從圖形得知 y 增加的值。我們將之稱為「變化的比例」（也就是比值）。 $y = x$，當 x 增加 1，y 就會增加 1，比值為 1；$y = 2x$ 時，y 會增加 2，比值為 2。這個變化的比例就是直線的斜率。

此外，直線的斜率為定值，因此斜率不會因為選取的點不同而改變。如圖 2-11，當 x 增加 1，很難判斷 y 增加了多少時，增加 x 變化的值，就找出可以輕鬆辨識 y 值的點。

圖 2-11　當 x 增加 3，y 增加 2 的圖形

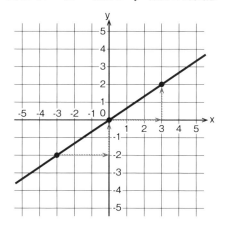

變化的比例，可以透過以下公式求得：

$$變化的比例 = \frac{y \text{ 增加的程度}}{x \text{ 增加的程度}} \quad\text{——公式 ❷}$$

從上述公式可以求出圖 2-11 直線的斜率為 $\frac{2}{3}$，因此可以用 $y = \frac{2}{3}x$ 來表示這條直線。

程式 2-5 是繪製 $y = \frac{2}{3}x$ 圖形的程式。就算 a 值為分數，函式的寫法也是一樣，把方程式直接寫到 return 敘述裡。執行程式 2-5，就可以畫出跟圖 2-11 相同斜率的圖形（圖 2-12）。

程式 2-5　繪製 $y = \frac{2}{3}x$ 的圖形

```
1.  def func_3(x):
2.      return 2 / 3 * x            # y = 2/3 x
3.
4.  x = []
5.  y = []
6.  for i in range(-5, 6):         # i 為 -5 到 5 之間
7.      x.append(i)                # 新增 i 到 x
8.      y.append(func_3(i))        # 新增 func_3() 的結果到 y
9.
10. plt.plot(x, y)
```

```
11. plt.axis('equal')
12. plt.grid(color='0.8')
13. plt.show()
```

圖 2-12 執行程式 2-5 的結果

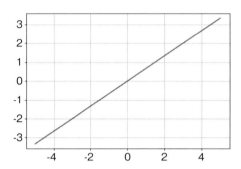

6 由左向右下降的直線

前面討論了由左往右上升的直線,現在反過來看看由左往右下降的直線吧。

圖 2-13 為由左往右下降的圖形。當 x 值增加 3,y 值減少 2,利用第 69 頁介紹的公式❷,就可以求出直線的斜率為 $\frac{-2}{3}$,把負號移到最前面可得 $-\frac{2}{3}$。因此,當 $y = ax$,且 $a < 0$ 時,直線由左往右下降。

圖 2-13　當 x 增加 3,y 減少 2 的圖形

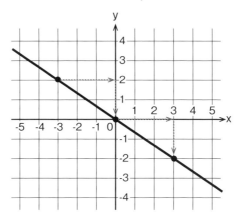

程式 2-6 是繪製 $y = -\frac{2}{3}x$ 圖形的程式。讓我們代入不同的值到 a,看看當 a 為負數時,是不是真的會出現由左往右下降的直線(圖 2-14)。

程式 2-6　$-\frac{2}{3}x$ 的圖形

```
1. def func_4(x):
2.     return -2 / 3 * x          # y = -2/3 x
3.
4. x = □
5. y = □
6. for i in range(-5, 6):         # i 為 -5 到 5 之間
7.     x.append(i)                # 新增 i 到 x
8.     y.append(func_4(i))        # 新增 func_4() 的結果到 y
```

```
 9.
10. plt.plot(x, y)
11. plt.axis('equal')
12. plt.grid(color='0.8')
13. plt.show()
```

圖 2-14 執行程式 2-6 的結果

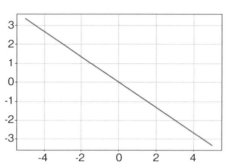

7 與坐標軸平行的直線

截至目前，我們已知下面四點：

①利用 $y = ax$ 可畫出直線（圖形）。

②上式的 a 代表直線的斜率。

③上式 $a > 0$ 時，直線由左往右上升。

④上式 $a < 0$ 時，直線由左往右下降。

看到這裡，當 $a = 0$ [*4] 時，會怎麼樣呢？是不是很讓人在意？讓我們執行程式 2-7 確認看看吧（圖 2-15）。

程式 2-7　$y = ax$ 且 $a = 0$ 的圖形

```
1. def func_5(x):
2.     return 0 * x                    # y = 0 × x
```

```
 3.
 4.  x = []
 5.  y = []
 6.  for i in range(-5, 6):            # i 為 -5 到 5 之間
 7.      x.append(i)                   # 新增 i 到 x
 8.      y.append(func_5(i))           # 新增 func_5() 的結果到 y
 9.
10.  plt.plot(x, y)
11.  plt.axis('equal')
12.  plt.grid(color='0.8')
13.  plt.show()
```

圖 2-15　執行程式 2-7 的結果

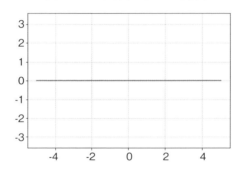

*4　有些人可能會覺得「奇怪，$y=ax$ 的時候，a 不是不等於 0 嗎？」$a \neq 0$ 指的是比例關係。無論 x 值是多少，當 y 值為 0，x 和 y 之間就不會出現比例關係；只是這裡仍需標示「$a \neq 0$」。

當 $y=ax$，且 $a = 0$ 時，無論 x 值為多少，y 值一定是 0。也就是說，直線會如圖 2-15，與 x 軸重疊，這可以用式子 $y = 0$ 來表示。那當 $y = 3$ 時，會是什麼樣的直線呢？無論 x 值是多少，y 值永遠都是 3，所以直線會通過 y 軸的刻度 3，與 x 軸平行（圖 2-16）。

圖 2-16 $y = 3$ 的直線

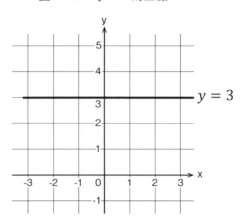

同樣的，讓我們想一想，與 y 軸重疊時，又會是什麼樣的直線呢？這個時候，無論 y 值是多少，x 值永遠為 0，因此 $x = 0$。直線通過 x 軸的刻度 3，與 y 軸平行，因此 $x = 3$（圖 2-17）。

圖 2-17 $x = 0$ 和 $x = 3$ 的直線

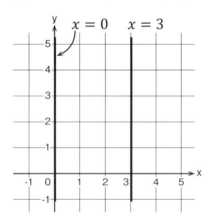

但與 y 軸平行的直線方程式並非函數。因為 x 值無法對應出一個 y 值。程式 2-8 是在 y 值為 -5 到 5 範圍內，繪製出 $x = 3$ 圖形的程式（圖 2-18）。只要有起點和終點兩個坐標，就可以繪製直線，這裡請把坐標分別代入串列型態的變數 x 和 y 裡。x 的值永遠為 3，y 的值為區間範圍的起點和終點。

程式 2-8 $x = 3$ 的圖形

```
14. x = [3, 3]                # x = 3
15. y = [-5, 5]              # 起點、終點
16.
17. plt.plot(x, y)
18. plt.axis('equal')
19. plt.grid(color='0.8')
20. plt.show()
```

圖 2-18 執行程式 2-8 的結果

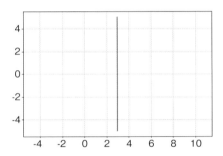

8 什麼決定了直線的位置？

圖 2-19 的虛線是 $y = 0$ 的直線。平行移動這條虛線，使之通過 y 軸的刻度 3，直線的方程式就會變成 $y = 3$。

圖 **2-19** $y = 0$ 和 $y = 3$ 的圖形

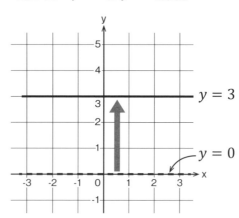

8.1 利用截距移動直線

同樣的道理也可以應用到斜線上。圖 2-20 的虛線是 $y = 2x$ 的直線。平行移動這條線，使之通過 y 軸的刻度 3，直線的方程式就會變成 $y = 2x + 3$。覺得自己被騙的人，請從圖 2-20 找出坐標畫畫看（表 2-4）。從圖 2-20 可知，當 x 值相同時，實線的 y 值，應該比虛線的 y 值大 3 個單位。

圖 **2-20**　$y = 2x$ 和 $y = 2x + 3$ 的圖形

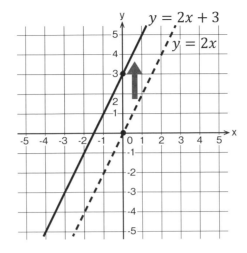

表 **2-4**　從圖 **2-20** 取得的坐標點

x	-4	-3	-2	-1	0	1	2
虛線上的y			-4	-2	0	2	4
實線上的y	-5	-3	-1	1	3	5	

我們用程式來畫畫看圖 2-20 的圖形吧。程式 2-9 是在同一個圖軸範圍，繪製 $y = 2x$ 和 $y = 2x + 3$ 圖形的程式。

程式 **2-9**　繪製 $y = 2x$ 和 $y = 2x + 3$ 圖形的程式

```
1. def func_6a(x):
2.     return 2 * x                 # y = 2x
3.
4. def func_6b(x):
5.     return 2 * x + 3             # y = 2x + 3
6.
7. x = []
8. y1 = []
9. y2 = []
10. for i in range(-3, 4):          # i 為 -3 到 3 之間
11.     x.append(i)                 # 新增 i 到 x
```

```
12.      y1.append(func_6a(i))              # 新增 func_6a() 的結果到 y1
13.      y2.append(func_6b(i))              # 新增 func_6b() 的結果到 y2
14.
15. plt.plot(x, y1)                         # 繪製 y = 2x 的圖形
16. plt.plot(x, y2)                         # 繪製 y = 2x + 3 的圖形
17. plt.grid(color='0.8')
18. plt.show()
```

執行結果後可以發現，圖 2-21 和圖 2-20 的斜率不同，這是因為程式省略了：

```
plt.axis('equal')
```

觀察圖形刻度的變化比例，應該可以發現兩者的斜率皆為 2 [5]？

圖 2-21　執行程式 2-9 的結果

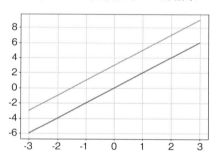

[5]　在同一個圖軸範圍中繪製多個圖形時，Matplotlib 會自動改變圖形的顏色。

9 表示直線的方程式

直線與 y 軸相交於一點，假設直線的斜率為 a，y 截距為 b（即直線與 y 軸相交於點（0, b））（圖 2-22），則平面上所有的直線，都可以用以下方程式來表示：

$y = ax + b$ ——公式❸

此外，y 截距為 $x = 0$ 時得到的 y 值，跟到原點的距離相同。也就是說，公式❸指的是「將 $y=ax$ 的直線，往 y 軸的方向平行移動 b 單位」。$b < 0$ 時，直線就會往原點的下方移動。

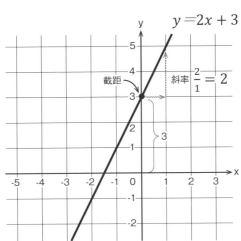

圖 **2-22** $y = 2x + 3$ 的圖形

那如果是圖 2-23 的實線呢？圖 2-23 的虛線看起來好像是往 x 軸的方向平行移動，但其實是往 y 軸平行移動。證據就是，將圖 2-23 的實線延伸出去之後，最後會跟 y 軸相交。

圖 2-23　看起來像是水平方向移動的直線

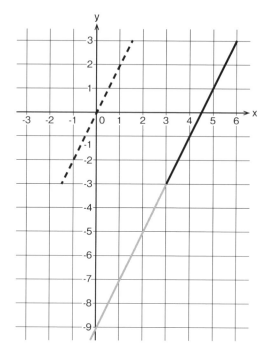

圖 2-23 的虛線斜率為 2，截距為 0，因此用前一頁的公式❸來表示，直線方程式就會是 $y = 2x$。而實線的斜率為 2，截距為 -9，因此可以用方程式 $y = 2x - 9$ 來表示。

程式 2-10 是繪製這些直線方程式圖形的程式。只要在 x 的範圍下點工夫，就可以畫出如圖 2-24，看似往水平方向移動的直線。

程式 2-10　繪製 $y = 2x$ 和 $y = 2x + 9$ 圖形的程式

```
1.  import numpy as np
2.
3.  # 虛線
4.  def func_7a(x):
5.      return 2 * x                    # y = 2x
6.
7.  # 實線
8.  def func_7b(x):
9.      return 2 * x - 9                # y = 2x − 9
```

```
10.
11. # 第一條直線
12. x1 = np.arange(-1.5, 2)          # x1 的範圍（-1.5 ～ 1.5）
13. y1 = func_7a(x1)                 # 執行 func_7a()
14. plt.plot(x1, y1)                 # 繪製 y = 2x 的圖形
15.
16. # 第二條直線
17. x2 = np.arange(3, 7)             # x2 的範圍（3 ～ 6）
18. y2 = func_7b(x2)                 # 執行 func_7b()
19. plt.plot(x2, y2)                 # 繪製 y = 2x − 9 的圖形
20.
21. # 顯示圖形
22. plt.grid(color='0.8')
23. plt.show()
```

圖 2-24　執行程式 2-10 的結果

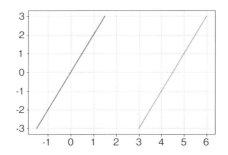

9.1 NumPy 模組讓程式簡潔清爽

程式 2-10 的程式碼是不是比之前清爽多了呢？前面我們都是把多個 x 和 y 的值放入 Python 串列型態的變數裡，但是在程式 2-10，則是使用 NumPy 模組的陣列。使用 NumPy 模組的陣列，可以更有效率地進行數值運算。這也是選擇使用 Python 的原因之一。

讓我們仔細看看這個程式吧。

第一行是匯入 NumPy 模組。匯入時，一般習慣把 NumPy 簡稱為「np」。跟之前的程式一樣，第 3 行到第 9 行則是透過函式來定義直線方程式。

請看一下第 12 行。這是將值代入 NumPy 陣列的指令。NumPy 模組的 arange() 跟 range() 一樣，是在指定區間內產生連續數值的指令。比方說：

```
x1 = np.arange(-1.5, 2)
```

如上給定引數範圍，陣列 x1 就會從 -1.5 到 2 的範圍，以 1 為間距值，產生連續數值，並將 [-1.5, -0.5, 0.5, 1.5][*6] 代入變數。而第 13 行，則是將上述數列代入 x 坐標，然後計算出對應的 y 坐標。

```
y1 = func_7a(x1)
```

在這一行當中，會針對陣列 x1 所有的元素執行 func_7a()，然後將回傳值 [-3, -1, 1, 3] 代入陣列 y1。第 14 行是用得到的坐標繪製圖形的指令。

同樣的，第 17 行到第 19 行則是繪製第二個圖形的指令。之前都是使用 Python 串列型態的變數，如下編寫程式碼：

```
x2 = []
y2 = []
for i in range(3, 7):
    x2.append(i)
    y2.append(func_7b(i))
```

這部分如果改用 NumPy 的陣列，兩行程式碼就解決了。

```
x2 = np.arange(3, 7)
y2 = func_7b(x2)
```

比起 for 迴圈的寫法，程式變得更簡潔了，一看就知道這段程式碼是做什麼的，對吧？

*6　跟 range() 一樣，arange() 產生的連續數值，並不包含指定區間的結束值。

82

程式 2-10 繪製的圖形，跟第一條直線一樣，第二條直線的斜率、截距、繪製直線的範圍（x 的範圍），都是取自圖 2-23，但我們可以透過計算求出這些數值。讓我們用程式來試試看吧。

比方說，把 $y = 2x$ 的直線（圖 2-25 的虛線）往 x 軸的方向水平移動 4.5 個單位，作為第二條直線。這個時候，我們可以這樣想：「從移動後的直線來看，虛線往 x 軸的方向平移了 -4.5 個單位」。這條直線可以用方程式來表示：$y = 2(x - 4.5)$，這就是圖 2-25 實線的方程式 [*7]。

圖 2-25　以實線作為基準點來看，虛線往 x 軸的方向平移了 -4.5 個單位

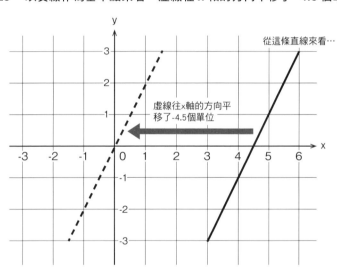

*7　方程式可以整理成 $y = 2x - 9$，跟從圖形取得的方程式是一樣的。

此外，繪製此直線的範圍，為虛線 x 坐標往 x 軸的方向平移 4.5 個單位的位置，因此可以用以下方程式來表示：

第**2**章

表示直線的圖形

```
x2 = x1 + 4.5
```

將陣列 x1 各元素加上 4.5，然後把得到的值代入陣列 x2。看看執行程式 2-11
後，是否能得到跟圖 2-24 同樣的結果。

程式 2-11　水平並列的兩條直線

```
1.  # 虛線
2.  def func_8a(x):
3.      return 2 * x          # y = 2x
4.
5.  # 實線
6.  def func_8b(x):
7.      return 2 * (x-4.5)   # 把 y = 2x 往 x 軸方向平移 4.5 個單位
8.
9.  # 第一條直線
10. x1 = np.arange(-1.5, 2) # x 的範圍（-1.5 ～ 1.5）
11. y1 = func_8a(x1)         # 執行 func_8a()
12. plt.plot(x1, y1)         # 繪製 y = 2x 的圖形
13.
14. # 第二條直線
15. x2 = x1 + 4.5            # x2 的範圍（x1 的坐標＋ 4.5）
16. y2 = func_8b(x2)         # 執行 func_8b()
17. plt.plot(x2, y2)         # 繪製 y = 2(x - 4.5) 的圖形
18.
19.                          # 顯示圖形
20. plt.grid(color='0.8')
21. plt.show()
```

第3章
求直線方程式的方法

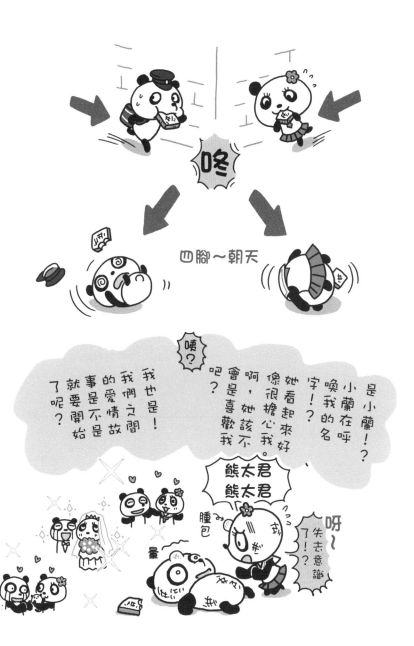

請想像一下，利用電腦或智慧型手機的應用程式畫出直線的畫面。把手指壓在想畫的位置上（電腦的話就是按壓滑鼠的左鍵），拖曳到終點後放開。畫直線大概就是這樣對吧？這條直線可以用數學式來表示嗎？答案當然是可以，只是必須做些計算。

1 解方程式

方程式指的是，如 $3 + x = 10$ 這種包含文字符號的等式。求出使這個等式成立的 x 值，叫作「解方程式」，求出的值則叫做「方程式的解」，其實畫這個圖形就能求出方程式的解。為了從各種不同的面向來理解直線，這裡讓我們來看看如何畫圖解方程式。

1.1 函數和方程式

圖 3-1 是函數 $y = 2x + 1$ 的圖形。只要給定 x 值，就會如表 3-1 所示，找出對應的 y 值。將未知數移項到左邊，就可以把式子整理成方程式如下：

$$2x - y = -1$$

您察覺到了嗎？這個方程式的解集合起來，就是圖 3-1（表 3-1）。

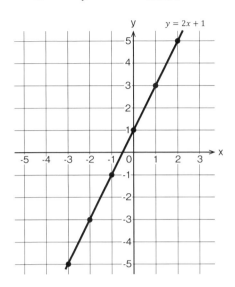

圖 **3-1** $y = 2x + 1$ 的圖形

表 **3-1** $y = 2x + 1$ 上的坐標

x	-3	-2	-1	0	1	2
y	-5	-3	-1	1	3	5

方程式就是，把特定的值代入式子的文字符號中，等式才會成立的式子。
$y = 2x + 1$ 的式子也是一樣，當 x 和 y 的值為表 3-1 的組合時，等式才會成立。因此，$y = 2x + 1$ 也稱為「直線方程式」。

专欄 **直線方程式**

直線方程式有下面兩種寫法[1]。

$$y = ax + b \quad \text{——公式❶}$$

$$ax + by + c = 0 \,(\, a \neq 0 \text{ 或 } b \neq 0 \,) \quad \text{——公式❷}$$

本書主要是使用公式❶，但公式❷也有其優點。它們分別是什麼樣的式子呢？這裡簡單介紹一下。

首先，公式❶的優點在於，從式子可知斜率和截距，方便描繪圖形。但如同第 2 章「7 與坐標軸平行的直線」所說明的，$y = ax + b$ 無法表示與坐標軸平行的直線 [*2]。

另一方面，雖然光看公式❷很難想像圖形長什麼樣子，但是當 $a = 0$ 時，直線與 x 軸平行 [*3]，當 $b = 0$ 時，直線與 y 軸平行 [*4]，這個式子就可以呈現平面上所有的直線。

[*1] 把公式❶所有的項移項到左邊，改寫成一般式即為公式❷。
[*2] 與 y 軸平行的直線，以 $x = 0$ 或 $x = 3$ 表示。
[*3] 當 $a = 0$，整理公式❷後可得 $y = -\frac{c}{b}$。
[*4] 當 $b = 0$，整理公式❷後可得 $x = -\frac{c}{a}$。

1.2 方程式和圖形

接著，請您思考一下以下問題。

太郎的家到公園為 2100 公尺。假設他以一分鐘 70 公尺的速度步行，中間不休息。若步行的經過時間（單位:分鐘）為 x，到公園的距離為 y（單位:公尺），用下面的方程式可以求出 y 值：

$$y = 2100 - 70x$$

程式 3-1 是使用 $y = 2100 - 70x$ 繪製圖形的程式，圖 3-2 為執行的結果。

程式 3-1 $y = 2100 - 70x$ 的圖形

```
1. %matplotlib inline
2. import matplotlib.pyplot as plt
3. import numpy as np
4.
5. def func(x):
6.     return 2100 - 70 * x          # y = 2100 - 70x
7.
8. x = np.arange(0, 60)              # x 坐標
9. y = func(x)                       # y 坐標
```

```
10. plt.plot(x, y)                    # 繪製圖形
11.
12. plt.grid(color= '0.8')
13. plt.show()
```

圖 3-2　執行程式 3-1 的結果

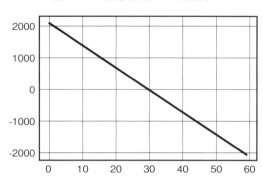

請大家注意一下圖 3-2 直線跟 x 軸（$y = 0$）的交點。您知道這個時候的 x 坐標，代表的意思是什麼嗎？

讓我們換個角度來思考這個問題，請先解解看下面的方程式：

$$2100 - 70x = 0$$

解這個方程式，必須把 2100 移到等式右邊，讓等式左邊只留下包含 x 的項 [5] 如下：

$$-70x = -2100$$

等式兩邊皆為負值，因此可以把負號拿掉，得下式：

$$70x = 2100$$

接著我們可以再把式子簡化為：

$$x = 30$$

很簡單吧。這個解法應該很多人知道吧。

*5　這叫作「移項」。

這裡求得的方程式，是把 $y = 2100 - 70x$ 的 y 當作 0。從圖 3-2 來看，也就是求直線與 x 軸相交的 x 坐標。$y = 2100 - 70x$ 是求到公園剩餘距離的函數，當答案為 0 時，就是抵達公園的意思。也就是說，直線與 x 軸的交點 x 坐標，指的是從出發到抵達的步行時間 [*6]。

*6 從圖 3-2 可知，當 x 值超過 30 時，y 就會是負值。在這個例子，y 代表剩餘的距離，因此 y 不可能是負值。為了避免在這個方程式的 y 出現負值，在方程式後頭加上 x 值的範圍：$y = 2100 - 70x$（$0 \leqq x \leqq 30$）才是正確的寫法。

2 利用 SymPy 做運算

像 $2100 - 70x = 0$ 這種簡單的方程式，心算一下就可以求出解了，複雜的方程式，就讓我們使用代數運算專用的 SymPy 模組來求解吧。學會使用 Python，把它當作是解方程式的便利工具，您的數學一定會進步。

2.1 定義方程式

讓我們再思考一下剛才同個問題。太郎朝著距離 2100 公尺遠的公園，以一分鐘 70 公尺的速度步行，中間不休息，若步行的經過時間（單位：分鐘）為 x，到公園的距離為 y（單位：公尺），應該可以用以下方程式求出 y 值：

$$y = 2100 - 70x$$

比方說，計算走了 10 分鐘時，離公園還有多遠呢？把 10 代入 x 運算：

$$y = 2100 - 70 \times 10$$
$$y = 1400$$

如上求出剩餘距離 y 為 1400 公尺。同樣的運算，讓我們利用程式的 SymPy 模組，請電腦算算看。程式 3-2 是定義方程式 $y = 2100 - 70x$ 的程式。

程式 3-2　用 SymPy 定義方程式

```
1. import sympy as sp
2.
3. x = sp.Symbol('x')      # 定義符號
4. y = 2100 - 70 * x       # y = 2100 - 70x
5. y                       # 顯示方程式
```

第 1 行是匯入 SymPy 模組的指令。為方便呼叫模組，這裡幫 SymPy 取了個簡稱「sp」。第 3 行的 Symbol()，是定義方程式使用符號的指令。在這個例子，方程式中的 x 為開始步行後所持續的時間，因此請執行以下指令：

```
x = sp.Symbol('x')
```

之後變數 x 就會以方程式中的「x」符號來表示。此外，等式左邊的 y，為放入運算結果的變數，因此不需要定義符號。

第 4 行是運算式的定義。代數式省略了乘號「×」，寫作「$70x$」，但是在程式中不可以省略乘法的運算符號，請多留意。最後變數 y 會被代入方程式的右邊。第 5 行只敘述了變數名稱，為的是確認變數 y 的內容。

執行這個程式，就會如下顯示包含了文字符號 x 的式子。

$$2100 - 70x$$

Jupyter Notebook 內建支援數學符號的顯示引擎 MathJax，它可以讓數學式以數學教科書般方便閱讀的形式顯示。

專欄　文字符號式的寫法

這裡或許不需要特別說明，但代數式指的是下面這種含有文字符號的數學式：

$$y = -70x + 2100$$

以一般式來表示如下：

$$y = ax + b$$

式子中使用的 x、y、z 為未知數 [*7]（不知道值是多少的數），其他 a、b、c、m、n 等文字，則是代表與未知數相乘的係數和常數。另外，如表 3-2，代數式有固定的寫法，把寫法記起來吧。若無特殊情況，本書會依照此規則標示數學式。

表 3-2　代數式的寫法

規則	範例
乘號「×」可省略	$5 \times x \rightarrow 5x$
數和文字符號相乘時，數在前	$x \times 5 \rightarrow 5x$
文字符號相乘時，按英文字母順序排列	$b \times c \times a \rightarrow abc$
同個文字符號相乘時，需使用指數	$x \times x \rightarrow x^2$
文字符號乘「1」時，「1」省略不寫	$-1 \times x \rightarrow -x$
除法以分數來表示	$x \div 2 \rightarrow \dfrac{x}{2}$

*7　因為值會不斷改變，因此也稱為「變數」。

2.2　代入數值

接著，讓我們把值代入剛才定義好的式子中。執行程式 3-2 後，請新增 cell，輸入下面的指令並執行看看。

```
In [3] :      ans = y.subs(x, 10)
              ans

 Out [3] :    1400
```

第 1 行 y.subs(x, 10) 的意思是「把 10 代入 y 所指的運算式的 x 中」。變數 y 所指的式子，就是程式 3-2 第 4 行所定義的方程式，因此這行程式碼會把 10 代入方程式的 x 當中，得 $2100 - 70 \times 10$，然後將運算結果代入變數 ans。

從定義式子，到得到答案，只需要幾行程式碼。你覺得怎麼樣呢？「心算還比較快」，這個結論恐怕下得太早。使用 SymPy，馬上就可以求出聯立方程式的解。這部分將於本章的後半部介紹。

Python Tips 於畫面顯示變數的值

如程式 3-2 的第 5 行或這裡的 ans，在 cell 的最後輸入變數名稱並執行，就會於 cell 的正下方顯示變數的值（Out[履歷編號]）。這裡想請各位留意的地方是「cell 的最後」。輸入一個 cell 並執行看看，結果就會如圖 3-3 一樣，只顯示變數 ans 的值。

圖 3-3　不會顯示變數 y 的值

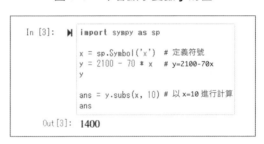

在寫 cell 的中途，換句話說，在編寫程式碼的過程中，若想輸出變數的值，必須使用 print()。這個時候，代數式的顯示型態就會如圖 3-4 的上方，跟輸入於程式碼中的算式相同。若想輸出圖 3-4 下方的形式，請使用 display() *8。

圖 3-4　print() 和 display() 的差異

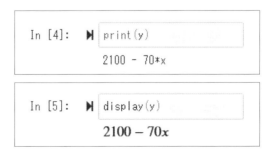

*8　display() 是內建於 IPython.display 模組的函式。Jupyter Notebook 啟動時，會自動匯入這個模組，因此無須再匯入。

93

2.3 包含多個文字符號的函數

圓的半徑為 r，其面積可以用 πr^2 求得。程式 3-3 是定義此公式的程式 [*9]。SymPy 模組一開始就把圓周率定義為「pi」，因此程式中需要定義新文字作為變數的，只有代表半徑的「r」（第 1 行）。

程式 3-3　求圓面積的公式

```
1. r = sp.Symbol('r')      # r
2. expr = sp.pi * r**2     # πr²
3. display(expr)
```

執行程式 3-3，就會顯示如下：

$$\pi r^2$$

這個式子包含了 π 和 r 兩個文字，對不對？為了代入具體的值進行運算，這裡將 subs() 的引數指定為 Python 的字典型態。執行程式 3-3 之後，執行下一個指令，就可以計算出圓周率為 3.14[*10]，半徑為 5 的圓的面積。

```
In [5] :        expr.subs({sp.pi:3.14, r:5})

   Out [5] :    78.5
```

[*9]　算式（又稱為運算式）的英文是 expression，這裡將之省略為 expr，作為變數代入式子。此外，將值代入符號時使用的 subs()，其語源為 substitution（代入、代換之意）。

[*10]　若輸入指令 float(sp.pi)，則可得圓周率 3.141592653589793。

3 通過(x, y)，斜率為 a 的直線方程式

瞭解 SymPy 的使用方式之後，讓我們把話題拉回直線上吧。使用電腦或手機 app，也能成功畫出表示 $y = ax + b$ 的直線。有些人可能會覺得「不知道斜率和截距，要怎麼畫直線呢？」但這些值，可以從直線的起點和終點求得。讓我們一步一步來看吧。

3.1 求截距 b 的方法

畫直線時，我們需要「直線上的一點」和「直線的斜率」。從圖 3-5 可以發現，決定好直線的斜率之後，就只能畫出一條通過點 A 的直線。

圖 3-5 給定斜率，並通過點 A 的直線

屏除特殊情況 [*11]，平面上的直線也可以用第 87 頁的公式❶來表示。

$$y = ax + b \quad\text{——公式❶}^{*12}$$

若圖 3-5 直線的斜率為 2，點 A 坐標為 $(3, 4)$，將之代入公式❶，可得下式：

$$4 = 2 \times 3 + b$$

我們可以求出這個方程式的解為 $b = -2$，因此圖 3-5 的直線方程式為 $y = 2x - 2$。

程式 3-4 是繪製 $y = 2x - 2$ 圖形的程式。使用 Matplotlib.Pyplot 模組的函式 scatter()，可以於 $(3, 4)$ 的位置畫上點。執行這個程式，就可以畫出圖 3-6。圖 3-6 跟圖 3-5 的直線斜率看起來不一樣，因為圖 3-6 圖軸範圍的

寬高比並非 1：1。但仔細觀察圖形刻度的變化比例，便可以發現斜率皆為 2。

程式 3-4　通過點 (3,4)，斜率為 2 的直線（$y = 2x - 2$ 的圖形）

```
1. def func(x):
2.     return 2 * x - 2      # y = 2x - 2
3.
4. x = np.arange(-1, 6)       # x 坐標（-1 ～ 5）
5. y = func(x)                # y 坐標
6.
7. plt.plot(x, y)             # 繪製圖形
8. plt.scatter(3, 4)          # 描繪點 (3,4)
9. plt.show()
```

圖 3-6　執行程式 3-4 的結果

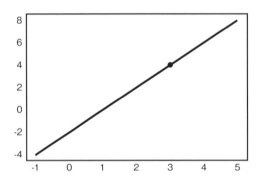

*11　此方程式無法表示與 y 軸平行的直線。詳細請參考第 2 章的「7 與坐標軸平行的直線」。
*12　請參考本章「1.1 函數和方程式」的專欄「直線方程式」。

Python Tips　繪製坐標軸

把數據指定給 Matplotlib 後，它就會自動調整坐標軸的範圍和刻度大小，繪製出如圖 3-6，完整容納資料的圖形。雖說如此，當別人拿這張圖給你看，說「這個斜率絕對是 2 沒錯」，應該很難馬上接受吧。

那如果是圖 3-7 呢？圖 3-7 有網格，而且新增了 x 軸和 y 軸，斜率和截距一目了然。

程式 3-5 在程式 3-4 的圖形上，新增了坐標軸和網格。此外，此程式的前提為，已經將值代入圖軸範圍裡的 x 和 y。請務必按照程式 3-4 和程式 3-5 的順序執行程式。

程式 3-5　標示坐標軸

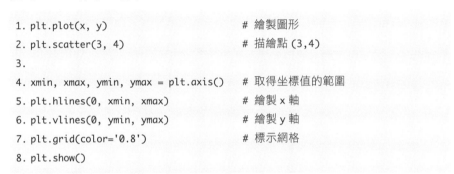

```
1. plt.plot(x, y)                              # 繪製圖形
2. plt.scatter(3, 4)                           # 描繪點 (3,4)
3.
4. xmin, xmax, ymin, ymax = plt.axis()        # 取得坐標值的範圍
5. plt.hlines(0, xmin, xmax)                   # 繪製 x 軸
6. plt.vlines(0, ymin, ymax)                   # 繪製 y 軸
7. plt.grid(color='0.8')                       # 標示網格
8. plt.show()
```

圖 3-7　用程式標示坐標軸和網格（執行程式 3-5 的結果）

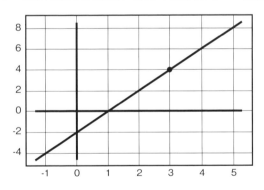

程式 3-5 的第 4 行 plt.axis()，是從目前的圖形取得坐標值範圍的指令。如下輸入程式碼，就可以取得 x 軸的最小值和最大值，以及 y 軸的最小值和最大值。

```
xmin, xmax, ymin, ymax = plt.axis()
```

這些值可以從匯入圖軸範圍的數據中自動計算出來。

第 5 行是繪製水平線的指令。

```
plt.hlines(0, xmin, xmax)
```

最前面的引數是繪製水平線 y 的位置,第二個和第三個引數則為 x 的範圍。
如上指定引數,就可以繪製出 y = 0 的位置,也就是在 x 軸的位置繪製水
平線。第 6 行的 vlines() 是繪製垂直線的指令。這裡最前頭的引數也是 0,
因此 x = 0,也就是在 y 軸的位置,y 軸最小值到最大值的範圍繪製直線。

程式 3-5 只能繪製一條水平線和一條垂直線,但您有沒有發現,這些指令如
hlines()、vlines() 都是複數型態呢?如下用串列指定 y 坐標和顏色,就可以
畫出四條不同顏色的水平線,請試試看。

```
plt.hlines([0, 2, 4, 6], xmin, xmax, colors=['k','r','g','b'])
```

3.2 利用公式

我們在前面已經說明過,平面上的直線可以用下面的方程式來表示:

$$y = ax + b \quad ——①$$

這裡把點 A 的坐標 (x_1, y_1) 代入,可以寫成下式:

$$y_1 = ax_1 + b \quad ——②$$

為了刪掉這兩個式子中的 b,讓我們計算一下「①-②」。將等式左右兩邊
同時①減②,然後把式子整理成:

$$y - y_1 = ax + b - (ax_1 + b)$$
$$y - y_1 = ax + b - ax_1 - b$$

$$y - y_1 = a(x - x_1)$$

$$y = a(x - x_1) + y_1 \quad \text{—— 公式❸}$$

上式就是通過點 A(x_1, y_1)，斜率為 a 的直線。前面我們必須先求出截距 b，才能求出直線的方程式，但這裡使用公式❸，只要代入斜率和點 A 坐標，就可以求出直線的方程式。

比方說，通過 $(3, 4)$，斜率為 2 的直線方程式如下：

$$y = 2(x - 3) + 4$$

$$y = 2x - 6 + 4$$

$$y = 2x - 2$$

跟前一個章節求得的式子一樣，對不對？

3.3 利用 SymPy 做運算

我們已知，只要知道直線上的一點和斜率，把值代入公式❸，整理式子後就可以求出 $y = ax + b$ 型態的直線方程式。這個計算並不困難，只是有點麻煩。這裡讓我們利用 SymPy 模組來整理式子吧。程式 3-6 以公式❸為基礎，求斜率為 2，且通過 $(3, 4)$ 的直線方程式。

程式 3-6　斜率為 2，通過點 (3,4) 的直線方程式

```
1. x = sp.Symbol('x')              # 未知數
2. a = sp.Symbol('a')              # 斜率 a
3.    x1, y1 = sp.symbols('x1, y1')   # 直線上的點 (x1, y1)
4.
5. y = a * (x-x1) + y1             # 直線方程式（公式❸）
6. y = y.subs({a:2, x1:3, y1:4})   # 把值代入式子
7. y
```

第 1 行到第 3 行是定義式子中的符號。第 3 行同時定義了直線上的點坐標——符號 x1 和 y1。這個時候是使用 symbols()，而非 Symbol()，還請留意。

接著，第 5 行定義了公式❸，而第 6 行的程式碼：

```
y = y.subs({a:2, x1:3, y1:4})
```

則是把具體的值代入斜率和坐標，並改寫式子的指令。執行這個程式，就
會如下顯示直線方程式：

$$2x - 2$$

Python Tips 用 SymPy 繪製圖形

SymPy 可以處理的，不是只有代數式的運算而已。只要用下面這一行程式
碼，就可以利用 y 所指的式子（在此例為$2x-2$）繪製出圖形。

```
sp.plot(y)
```

圖 3-8　用 SymPy 繪製圖形

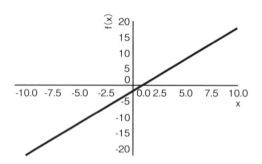

跟 Matplotlib 的圖形不同，SymPy 的圖形會顯示坐標軸和軸的名稱（橫軸
為 x，縱軸為表示 x 函數的 f(x)）。此外，橫軸 x 的標準範圍為 -10 到 10。
此範圍可以透過 sp.plot() 的第二個引數來更改。比方說，若想在 -1 到 5 的
範圍繪製圖形，請如下指定引數（圖 3-9）。

```
sp.plot(y, (x, -1, 5))
```

圖 3-9　指定 x 的範圍，繪製圖形

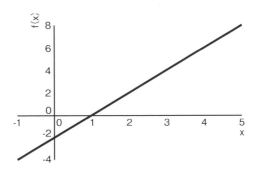

4 通過兩點的直線方程式

只有一點時，通過此點的直線有無限多條；但有兩個點時，通過此兩點的直線就只有一條。讓我們從兩個坐標，求求看直線方程式 $y = ax + b$ 吧。

4.1　求直線的斜率

當點有兩個時，通過這兩點的直線只會有一條（圖 3-10）。

圖 3-10　通過兩點的直線只有一條

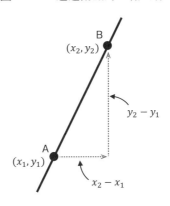

直線的斜率是以「變化的比例」來表示 [13]，如下使用第 2 章介紹的公式 ❷：

$$變化的比例 = \frac{y \text{ 增加的程度}}{x \text{ 增加的程度}}$$ ——第 2 章的公式 ❷（同前式）

只要在直線上取兩個點，x 和 y 坐標對應相減，就可以求出斜率。假設點 A 坐標為 (x_1, y_1)，點 B 坐標為 (x_2, y_2)，圖 3-10 的直線斜率，就可以用下面的式子來表示：

$$a = \frac{y_2 - y_1}{x_2 - x_1}$$

把上式代入下面給定直線上一點和斜率的方程式裡：

$$y = a(x - x_1) + y_1$$ ——公式 ❸ [14]

可得下式：

$$y = \frac{y_2 - y_1}{x_2 - x_1}(x - x_1) + y_1 \quad (x_1 \neq x_2)$$ ——公式 ❹

此為通過指定兩點的直線方程式。這裡之所以刻意備註了「$x_1 \neq x_2$」是有理由的。因為如果 x_1 和 x_2 同值，斜率 a 的分母就會變成零，無法進行除法運算。也就是說，無法定義斜率，就無法用公式 ❹ 來表示過兩點的直線。當 $x_1 = x_2$ 時，直線會通過 x 軸的 x_1，與 y 軸平行。

*13　請參考第 2 章的「5 什麼決定了直線的斜率？」。
*14　請參考本章的「3.2 利用公式」。

請看圖 3-11。直線通過了 (1,0) 和 (3,4)，斜率為 2，截距 -2，因此這條直線的方程式為 $y = 2x - 2$ 沒錯吧？那讓我們來看看，能不能用公式 ❹ 求出圖 3-11 的直線方程式。這項任務當然就交給 SymPy 來計算。

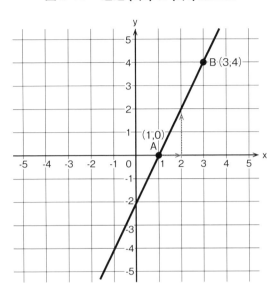

圖 3-11　通過 (1,0) 和 (3,4) 的直線

程式 3-7 是求通過 (1, 0) 和 (3, 4) 兩點直線方程式的程式。執行這個程式後，應該會如下顯示跟圖形相同的直線方程式：

$$2x - 2$$

程式 3-7　通過兩點的直線方程式

```
1. x = sp.Symbol('x')                    # 未知數 x
2. x1, y1 = sp.symbols('x1, y1')         # 點 A 的坐標
3. x2, y2 = sp.symbols('x2, y2')         # 點 B 的坐標
4.
5. y=((y2-y1)/(x2-x1)) * (x-x1) + y1     # 直線方程式（公式❹）
6. y = y.subs({x1:1, y1:0, x2:3, y2:4})  # 把值代入式子
7. y
```

第 5 行是定義公式❹的指令，看起來比原本的式子還複雜。這是因為為了讓程式按正確的順序進行運算，加上括號 ( ) 的關係。讓我們再仔細看看這個程式吧。

當一個算式中同時包含了加減乘除四則運算時，必須先乘除後加減對不對？這個運算規則在程式中也是一樣，Python 運算優先順序的規定如表 3-3 所示。此外，算式中有括號 ( ) 時，先算有括號的部分，這規則也適用於程式裡的算術運算。

表 3-3　主要算數運算子的優先順序

優先順序	運算子	定義
高	+, -	符號（正、負）
↑	**	次方
	*, /, //, %	乘、除；除法，求整數商；除法，求餘數
↓	+, -	加、減
低	=	代入

綜合上述，讓我們來比較一下公式❹：

$$y = \frac{y_2 - y_1}{x_2 - x_1}(x - x_1) + y_1 \quad (x_1 \neq x_2)$$

以及程式 3-7 的第 5 行：

```
y=((y2-y1)/(x2-x1)) * (x-x1) + y1
```

分數在程式裡會變成除法：

$$\frac{y_2 - y_1}{x_2 - x_1}$$

如果在程式中如下輸入，是無法按期望順序進行運算的：

```
y2-y1 / x2-x1    ── ③
```

這樣寫，電腦會如下運算：

$$y_2 - \frac{y_1}{x_2} - x_1$$

$\frac{y_2 - y_1}{x_2 - x_1}$ 是變化比例的算式，因此在進行除法運算前，必須先計算分子和分母。因此，算式必須如下加上括號 ( )：

```
(y2-y1) / (x2-x1)    ── ④
```

圖 3-12 是把具體的值放入式子③、④，進行運算的結果。請看看有無括號 ( ) 是否會得到不一樣的答案。

圖 3-12　運算的順序

先除後減

```
In [1]:  ▶ 4-0 / 3-1

   Out[1]: 3.0
```

先減後除

```
In [2]:  ▶ (4-0) / (3-1)

   Out[2]: 2.0
```

4.2 使用聯立方程式，求通過兩點的直線方程式

當我們知道線上的兩點時：

$$y = \frac{y_2 - y_1}{x_2 - x_1}(x - x_1) + y_1 \quad (x_1 \neq x_2) \quad \text{—— 公式❹（同前式）}$$

可以如上求出直線方程式，但這個式子很難記。不過，$y = ax + b$ 這個式子，大家應該印象很深刻了吧。

把點 A 的坐標 (1,0) 代入式子，可得：

$$0 = a + b \quad \text{——⑤}$$

把點 B 的坐標 (3, 4) 代入式子可得：

$$4 = 3a + b \quad \text{——⑥}$$

為了刪掉這兩個式子中的 b，讓我們計算一下「⑥－⑤」[*15]。將等式左右兩邊同時⑥減⑤，然後如下整理式子，就可以求出直線的斜率。

$$4 - 0 = 3a + b - (a + b)$$

$$4 = 2a$$

$$a = 2$$

右側邊欄：第 **3** 章　求直線方程式的方法

105

把上述代入⑤[16]，就可以如下求出截距。

$$0 = 2 + b$$
$$b = -2$$

因此，通過 (1,0) 和 (3,4) 的直線方程式為 $y = 2x - 2$。這個方程式跟程式 3-7 的執行結果是一樣的，對吧？

*15　這種消去未知數的運算方式稱為「加減消去法」。
*16　把求得的未知數的值，代入原方程式的運算方式稱為「代入消去法」（簡稱為「代入法」）。

4.3　用 SymPy 解聯立方程式

已知直線上的兩點時，我們可以把已知的兩點坐標代入 $y = ax + b$，得到兩個式子，然後解聯立方程式，就能求出直線的方程式。比方說，直線通過 (1, 0) 和 (3, 4) 時，把點代入 $y = ax + b$ 可得下面兩式：

$$0 = a + b$$
$$4 = 3a + b$$

運算很簡單，但心算很難。必須自己準備紙和筆，寫下算式……是不是有點麻煩呢？

程式 3-8 是使用 SymPy 解聯立方程式的程式。第 1 行到第 2 行是符號的定義，第 4 行到第 5 行是算式的定義，在那之後的第 7 行是解聯立方程式的指令。

程式 3-8　解聯立方程式

```
1. a = sp.Symbol('a')              # a
2. b = sp.Symbol('b')              # b
3.
4. expr1 = a + b                   # 0=a+b
5. expr2 = 3 * a + b - 4           # 0=3a+b-4
6.
7. ans = sp.solve([expr1, expr2])  # 解聯立方程式
8. ans
```

定義算式時，請如第 4 行和第 5 行一樣，將等號的左邊（或右邊）整理成
0。如下將兩個算式指定給串列：

```
ans = sp.solve([expr1, expr2])
```

只要把第 4 和第 5 行的算式代入 solve()，就可以解聯立方程式，是不是非
常簡單呢？執行程式，就會如下顯示兩個解：

```
{a: 2, b: -2}
```

大括號｛｝表示此資料為 Python 的字典型態，解可以透過鍵值 ans[a] 和
ans[b] 取得。不太熟悉字典型態資料的人，請再翻一下第 1 章的第 51 頁。

Python Tips 方程式的寫法

使用函式 solve() 解方程式時，如程式 3-8 第 4 行和第 5 行所示，必須讓等
號左邊（或右邊）為 0，整理好式子進行定義。移項（從等號左邊移到右邊，
或是相反）時，如果弄錯符號，就會得不到正確答案，請多留意。

如果你覺得「沒有信心能夠把式子整理好」，我建議使用 SymPy 的 Eq() 函
式 *17 來定義式子。等號的左邊和右邊是用逗號「,」來區分，可預防輸入時
的誤植。程式 3-9 同程式 3-8，是使用 Eq() 函式，定義並解聯立方程式的
程式。

程式 3-9　同程式 3-1，利用 Eq( ) 函式定義算式

```
1. a = sp.Symbol('a')
2. b = sp.Symbol('b')
3.
4. expr1 = sp.Eq(0, a+b)          # 0=a+b
5. expr2 = sp.Eq(4, 3*a+b)        # 4=3a+b
6.
7. ans = sp.solve([expr1, expr2])
8. ans
```

---

*17　Eq() 的語源是 equation，是方程式的意思。此外，solve 的意思為「求解」。

5 兩條直線的交點

平面上兩條直線，只要非平行，就一定會相交（圖 3-13）。你覺得怎麼做，可以求出這個交點的坐標呢？本章的開頭提到，方程式 $2x - y = -1$ 的解集合起來，就是函數 $y = 2x + 1$ 的圖形。讓我們以此為基礎，來思考一下這兩條直線的交點代表什麼意思。

圖 3-13　平面上的兩條直線

我們已經知道，直線方程式可以畫出圖形對不對？圖形就是整理直線方程式後，方程式所有解的集合 [18]。

然後，因為兩條直線相交，兩個方程式有同樣的解，也就是說，聯立方程式的解，為兩條直線的交點。

[18]　請參考本章的「1 解方程式」。

5.1　交點代表什麼意思？

太郎和二郎兩個人都在家裡，太郎先以 1 分鐘 70 公尺的速度，從家裡出發往公園的方向前進。被拋在後面的二郎，在太郎出發 6 分鐘之後，騎著腳踏車，於同一條路以 1 分鐘 100 公尺的速度追趕太郎。問題來了，若兩人行進的速度不變，太郎出門經過幾分鐘後，二郎可以追上太郎呢？這是很讓人懷念的數學追趕問題，您還記得解題方法嗎？

太郎從家裡出發，6 分鐘前進的距離為 70 公尺 ×6 分鐘 ＝ 420 公尺。從速度來計算，兩人的距離 1 分鐘可縮短 30 公尺（100 公尺 － 70 公尺）。420 公尺的差距要減至零，必須花費 14 分鐘（420 公尺 ÷30 公尺）。這裡必須從太郎出發的時間開始計算，因此 6 分鐘＋ 14 分鐘，答案是 20 分鐘。

知道答案之後，請看一下圖 3-14。此為太郎從家裡出發經過的時間，以及兩人距離家裡多少公尺的關係繪製而成的圖形。實線為太郎，虛線為二郎，兩條直線交會的地方為解。

圖 **3-14** 時間與距離的圖形

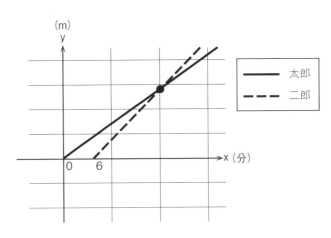

5.2 直線方程式

請看圖 3-14 來思考一下。x 軸為時間（單位：分鐘），y 軸為距離（單位：公尺）。太郎以 1 分鐘 70 公尺的速度前進，代表實線的方程式應該如下：

$$y = 70x$$

問題在二郎。二郎 1 分鐘前進 100 公尺，因此斜率為 100，但不知道截距是多少。不過，二郎在太郎出發 6 分鐘之後也出發了，因此這條直線通過了 $(6, 0)$。

也就是說，使用下式可以求出代表二郎直線的方程式：

$$y = a(x - x_1) + y_1 \quad \text{——公式❸（同前式）}^{*19}$$

程式 3-10 是求代表二郎直線方程式的程式。執行這個程式，就會顯示下式：

$$100x - 600$$

109

程式 3-10　斜率為 100，通過點 (6, 0) 的直線方程式

```
1. x = sp.Symbol('x')              # 未知數
2. a = sp.Symbol('a')              # 斜率 a
3. x1, y1 = sp.symbols('x1, y1')   # 直線上的點 (x₁, y₁)
4.
5. y = a * (x-x1) + y1             # 直線方程式（公式❸）
6. y = y.subs({a:100, x1:6, y1:0}) # 把值代入式子
7. y
```

*19　請參考本章的「3.2 利用公式」。

5.3 兩條直線的交點和聯立方程式的解

太郎和二郎的直線，可以分別由下列方程式來表示。

$$y = 70x$$
$$y = 100x - 600$$

把這兩個方程式當作聯立方程式求解，就能找出兩條直線的交點坐標。讓我們用 SymPy 來算算看。

程式 3-11　求直線的交點

```
1. x = sp.Symbol('x')                    # x
2. y = sp.Symbol('y')                    # y
3.
4. expr1 = sp.Eq(y, 70*x)                # y = 70x *20
5. expr2 = sp.Eq(y, 100*x-600)           # y = 100x - 600
6.
7. ans = sp.solve([expr1, expr2])        # 解聯立方程式
8. ans
```

執行程式 3-11，就會如下顯示兩個答案。

{x: 20, y: 1400}

此為兩條直線的交點坐標，也就是太郎和二郎交會的點。x 軸為時間（單位：分鐘），y 軸為距離（單位：公尺），因此我們可知兩人在太郎出發 20 分鐘後，於距離出發地點 1400 公尺的地方交會。

*20　程式 3-11 用 Eq() 定義式子。不使用 Eq() 定義式子時，請整理 expr1 = 70 * x - y、expr2 = 100 * x - 600 - y，把等號的左邊（或右邊）整理成 0。

Python Tips 用 SymPy 繪製圖形

本章的「3.3 利用 SymPy 做運算」提到，利用 SymPy，我們可以從程式定義好的式子繪製出圖形。但程式 3-11 的第 4 行到第 5 行定義的式子，無法畫出圖形。因為使用 Eq() 定義的式子是方程式 [21]，不是函數 [22]。繪製圖形時，請如下設定引數：

```
sp.plot(70*x, 100*x-600, (x, 0, 30))
```

第一個引數是太郎的直線方程式，第二個引數是二郎的直線方程式，第三個引數是坐標的範圍。像這樣給定多個方程式，可以於同個圖軸範圍繪製圖形（圖 3-15）。

圖 3-15 　 用 SymPy 繪製出圖形

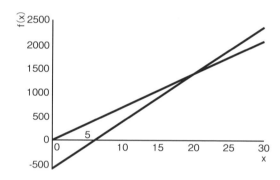

讓我們回到本章節的開頭，再來看一看追趕問題的解法。一開始的解法，我們知道太郎出發之後，二郎花了多少時間追趕上太郎，但不知道二郎是在什麼地方追上。不過畫成圖形後，兩人何時、在哪交會一目了然。答案當然就是兩條直線的交點。

*21 　方程式就是，把特定的值代入式子的文字符號中，等式才會成立的式子。
*22 　函數就是，每一個 x 值都恰好只有一個對應的 y 值，表示這種對應關係的式子。

第 **4** 章
互相垂直的兩條直線

校園偶像
小蘭

喂,熊太!

（跟小蘭這
麼要好）

看到你就覺
得火大!

咦!
為什麼?

垂直

本人沒察覺到
自己在吃醋

「請用直尺，在這張紙上畫兩條直線」，這個時候你會怎麼畫呢？每個人畫出來的直線都不同，但這兩條直線如果不斷延伸，不是「最後在某處相交」，就是「無論怎麼延伸，兩者都不相交」。另外，若兩條直線「最後在某處相交」，兩條直線形成的四個角，可以分成直角和非直角。兩條直線相交形成的非直角有無限多種可能，所以這裡讓我們來看看「互相垂直的兩條直線」和「兩條永不相交的直線」吧。

1 正交直線的斜率

某條直線與另一條直線相互垂直的狀態，稱為正交[1]（圖 4-1）。從圖 4-1 可知，兩條直線的斜率不同，更準確地來說，正交的兩條直線，一定是由左往右上升和由左往右下降的直線組合[2]。如果用數學式說得再更準確一點，我們可以用下面的直線方程式來表示。

$$y = ax + b$$

斜率 a 的值一方為正，另一方為負[3]。

[1] 「垂直」和「正交」這兩個詞彙很像，「垂直」指的是某條直線跟另一條直線形成直角的狀態，但未必一定要相交。

[2] 直角坐標系的 x 軸和 y 軸也為正交，如果用式子來表示 x 軸和 y 軸就是 $y = 0$ 和 $x = 0$。這兩條直線相交為特殊情況。

[3] 關於斜率的值為正，以及為負的情況，請參考第 2 章「5 什麼決定了直線的斜率？」和「6 由左向右下降的直線」。

斜率為一正一負的正交直線，除了圖 4-1 以外還有很多種組合。但還有一個只有兩條直線垂直相交時才會成立的原理。

圖 4-1　正交的兩條直線

2 兩條直線正交時成立的法則

圖 4-2 在圖 4-1 加上了坐標軸。這裡將坐標的原點與兩條直線的交點重疊，以便查看。結果截距 b 為 0，因此這兩條直線可以分別由方程式 $y = a_1 x$（由左往右上升的直線，斜率 a_1 為正）和 $y = a_2 x$（由左往右下降的直線，斜率 a_2 為負）來表示。因為兩條直線的斜率不同，因此無法用同一個符號 a 來表示，還請留意。

有些人可能會覺得「由左往右下降的直線斜率為負，方程式應該是 $y = -a_2 x$ 吧」，但這裡我們把它當作是一般式來思考。因為 a_2 已經代入負的值，以 $-a_2$ 表示，會變成另一個完全不同的方程式。

另外，如果在圖 4-2，畫上通過 x 軸的刻度 1，並與 y 軸平行的直線（橘色的直線），就會在 x 軸之間形成直角三角形。如果 $x = 1$ 為這些三角形的底邊，高就可以用直線的斜率來表示。

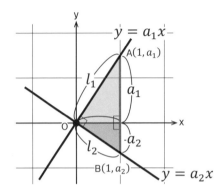

圖 4-2　在正交的兩條直線上加上坐標軸

這裡讓我們先一起來看看數學式。大家還記得「畢氏定理」[4]嗎？畢氏定理就是，直角三角形斜邊長[5]的平方，等於兩股長的平方和。如果將此定理應用在 x 軸和 $y = a_1x$ 所形成的三角形，圖 4-2 的 l_1 可以如下表示：

$$l_1{}^2 = 1^2 + a_1{}^2 \quad —— ①$$

同樣的，l_2 可以用下列式子來表示：

$$l_2{}^2 = 1^2 + a_2{}^2 \quad —— ②$$

此外，$y = a_1x$ 和 $y = a_2x$ 正交，因此這兩條直線跟橘色的線所形成的三角形也是直角三角形。兩條直線相交的角為直角，因此正對面的橘色線為斜邊，如果用畢氏定理來看，可以如下列式：

$$(a_1 - a_2)^2 = l_1{}^2 + l_2{}^2 \quad —— ③$$

這個時候，你可能會想說：「等等，斜邊長不是 $a_1 + a_2$ 嗎？」從圖 4-2 點 A $(1, a_1)$ 到 x 軸的垂直方向距離是 $a_1 - 0$，同樣的道理，從 x 軸到點 B $(1, a_2)$ 的垂直方向距離是 $0 - a_2$。因此 $(1, a_1)$ 到 $(1, a_2)$ 的垂直方向距離是 $a_1 - a_2$ 沒錯。

*4　又稱為「三平方定理」。詳細將於第 5 章說明。
*5　直角正對面的邊稱為「斜邊」。

116

接著仔細觀察這三個式子，可知式子③等號的右邊，可以換成式子①和②等號的右邊，可得下式：

$$(a_1 - a_2)^2 = (1^2 + a_1{}^2) + (1^2 + a_2{}^2) \quad ——④$$

整理式子可得：

$$a_1{}^2 - 2a_1a_2 + a_2{}^2 = a_1{}^2 + a_2{}^2 + 2$$
$$-2a_1a_2 = 2$$
$$a_1a_2 = -1$$

兩條正交的直線斜率的積為 -1。這是兩條直線正交時才會成立的法則。

Python Tips 式子的展開和簡化

數學式的整理非常重要。如果在式子展開的過程或是移項途中弄錯符號，就無法得到正確的答案。建立好基本的數學式之後，麻煩的運算作業就交給 SymPy 吧。程式 4-1 是定義式子④的程式。

程式 4-1　定義式子④

```
1. import sympy as sp
2.
3. a1 = sp.Symbol('a1')                    # a₁
4. a2 = sp.Symbol('a2')                    # a₂
5.
6. expr = sp.Eq((a1-a2)**2, (1**2 + a1**2) + (1**2 + a2**2))    # 式子④
7. expr
```

執行程式 4-1，就會顯示下式：

$$(a_1 - a_2)^2 = a_1{}^2 + a_2{}^2 + 2$$

除了等號右邊 $1^2 + 1^2$ 整理之後得 2 之外，其他都跟式子④一樣。

整理這個式子時，必須展開左邊的 $(a_1 - a_2)^2$，你還記得展開的方法嗎？利用 SymPy 模組的 expand() 函式，可以如下在程式內展開式子。

In [2] :	sp.expand(expr)
Out [2] :	$a_1{}^2 - 2a_1a_2 + a_2{}^2 = a_1{}^2 + a_2{}^2 + 2$

運算到這裡，之後只要移項就好。如前述整理式子，就可以輕鬆地導出 $a_1a_2 = -1$。

這裡再介紹一個整理式子的方法。移項讓式子④等號的左邊變成 0：

$$0 = (1^2 + a_1{}^2) + (1^2 + a_2{}^2) - (a_1 - a_2)^2$$

用 SymPy 來定義上式，程式碼如下：

In [3] :	`expr2 = (1**2 + a1**2) + (1**2 + a2**2) - (a1-a2)**2` `expr2`
Out [3] :	$a_1{}^2 + a_2{}^2 - (a_1 - a_2)^2 + 2$

因為 $1^2 + 1^2$ 為 2，這裡按照次方的高低順序排列。如果把這個 $(a_1 - a_2)^2$ 展開，式子應該可以變得更簡潔。接著，請執行看看 simplify()。

In [4] :	sp.simplify(expr2)
Out [4] :	$2a_1a_2 + 2$

程式讓式子變得更簡潔了。距離答案 $a_1a_2 = -1$ 只剩下最後一步而已。

3 直線的垂直條件

當兩條直線的斜率分別為 a_1、a_2，這兩條直線垂直相交時，下式成立。

$$a_1 a_2 = -1 \quad \text{——公式} ❶$$

這稱為兩條直線的「垂直條件」。若已知某一方的斜率，比方說已知 a_1 的斜率時，我們可以把公式❶改寫成：

$$a_2 = -\frac{1}{a_1} \quad \text{——} ⑤$$

如此便可以求出正交於直線斜率為 a_1 的直線斜率 a_2 的值。

圖 4-3 為於坐標原點垂直相交的兩條直線。從圖形可知由左往右上升的直線斜率為 $\frac{3}{2}$。將之代入⑤，可得由左往右下降的直線斜率為 $-\frac{1}{\frac{3}{2}} = -\frac{2}{3}$，跟從圖形由左往右下降的直線斜率相同。

圖 4-3　於坐標原點垂直相交的兩條直線

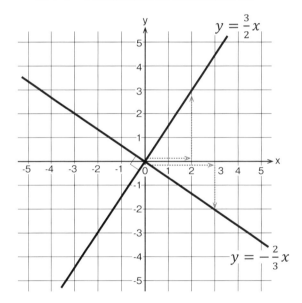

下一頁的圖 4-4，為個別移動圖 4-3 兩條直線的圖形。兩條直線移動後斜率仍然不變。兩條直線的截距 b 均發生改變，但依舊互相垂直。從圖 4-4 也可以看得出來，兩條直線互相垂直與截距 b 無關。

圖 4-4　非於坐標原點垂直相交的兩條直線

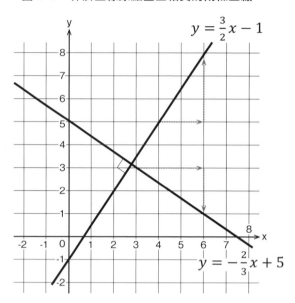

程式 4-2 是繪製 $y = \frac{3}{2}x - 1$ 和 $y = -\frac{2}{3}x + 5$ 圖形的程式。為了一眼就可以看出兩條直線為正交，這裡執行 plt.axis('equal')，讓圖軸範圍的寬高比為 1：1（圖 4-5）。若省略了這個指令，程式為了顯示圖形整體，會調整坐標刻度，使直線相交的角無法形成直角，請多留意。

程式 4-2　$y = \frac{3}{2}x - 1$ 和 $y = -\frac{2}{3}x + 5$ 的圖形

```
1.  %matplotlib inline
2.  import matplotlib.pyplot as plt
3.  import numpy as np
4.
5.  def func1(x):
6.      return 3/2*x-1                # y = 3/2 x - 1
7.
8.  def func2(x):
9.      return -2/3*x+5               # y = -2/3 x + 5
10.
11. # x 的範圍
```

```
12. x = np.arange(-2, 9)                    # -2 ～ 8
13.
14. # 由左往右上升的直線
15. y1 = func1(x)
16. plt.plot(x, y1)
17.
18. # 由左往右下降的直線
19. y2 = func2(x)
20. plt.plot(x,y2)
21.
22. # 寬高比以 1:1 表示
23. plt.axis('equal')
24. plt.show()
```

圖 4-5　執行程式 4-2 的結果

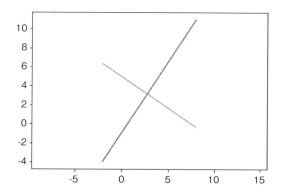

專欄 **繁分式的運算**

當分子或分母包含分式時，這個式子就叫作繁分式，例如：$-\dfrac{\frac{1}{3}}{2}$。看起來很複雜，但只要記住分數的基本運算原則為「分子 ÷ 分母」，運算其實一點也不難。比方說，將 $-\dfrac{\frac{1}{3}}{2}$ 改寫成除法運算 $-1 \div \dfrac{3}{2}$，而分數的除法運算，就是把分子和分母對調變成乘法運算 $-1 \times \dfrac{2}{3}$，所以答案為 $-\dfrac{2}{3}$。

---

4 直線和線段

前面我們把「直直的線」都當作是「直線」，但除了直線之外，「線段」也是「直直的線」。各位有辦法說明「直線」和「線段」的差異嗎？我們在日常生活中不常使用「線段」這個詞，所以很容易忘記，但是在數學裡，「直線」和「線段」區分得非常清楚。向兩端無限延伸的線叫作「直線」，有兩個固定端點的直線則叫作「線段」。本書在前面並未區分兩者，但是從這裡開始將清楚區分兩者，分開使用。

兩者的差異在於「長度」是否固定。可無限延伸的直線無固定長度，而有兩個端點的線段其長度是固定的。而且決定好線段的長度後，其「中點」，也就是線段正中間的點也決定好了。

圖 4-6 在線段 AB 加上了坐標軸。

圖 4-6　線段 AB 與其中點 C

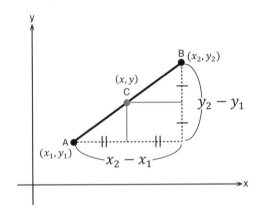

假設圖中的兩點坐標為 A (x_1, y_1)、B (x_2, y_2)，水平方向為 $x_2 - x_1$，垂直方向為 $y_2 - y_1$，可求出個別長度。線段的中點 C，位於兩端點等距處，因此位於水平方向和垂直方向 $\frac{1}{2}$ 的交會處，也就是點 A 水平移動 $\frac{1}{2}(x_2 - x_1)$ 單位，B 點垂直移動 $\frac{1}{2}(y_2 - y_1)$ 單位的地方。

在圖 4-6，點 A 的 x 坐標為 x_1，因此只要加上 $\frac{1}{2}(x_2 - x_1)$，就可以如下求出點 C 的 x 坐標：

$$x = x_1 + \frac{1}{2}(x_2 - x_1) = \frac{2x_1}{2} + \frac{x_2}{2} - \frac{x_1}{2} = \frac{x_1 + x_2}{2}$$

同樣的，點 A 的 y 坐標 y_1，只要加上 $\frac{1}{2}(y_2 - y_1)$，就可以如下求出點 C 的 y 坐標：

$$y = y_1 + \frac{1}{2}(y_2 - y_1) = \frac{y_1 + y_2}{2}$$

也就是說，點 C 的坐標可以用 $\left(\frac{x_1 + x_2}{2}, \frac{y_1 + y_2}{2}\right)$ 來表示。

專欄 將線段分為 $m:n$ 的點坐標

位於線段上，將線段分為兩部分的點稱為「內分點」。中點當然也是一種內分點。這裡讓我們來看看，並非位於正中間，而是將線段切割成一定比例的點吧。

先來思考一下與 x 軸平行的直線。圖 4-7 的點 C，是將線段 AB 切割為 $m:n$ 比例的點。

圖 4-7　內分線段 AB 的點 C（水平方向）

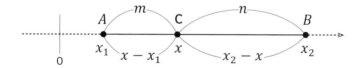

若線段始點的值為 x_1，線段終點的值為 x_2，點 C 的值為 x，則 AC 的長度可以用 $x - x_1$，CB 的長度可以用 $x_2 - x$ 來表示。此兩個長度的比為 $m:n$，因此下面的比例式成立：

$$m:n = x - x_1 : x_2 - x \quad —— ⑥$$

此外，比例式具有「內項乘積等於外項乘積*6」的性質，因此下式成立：

$$n(x - x_1) = m(x_2 - x) \quad \text{——} \ ⑦$$

只要從上式求出 x 的解，就能求出點 C 的值，讓我們用 SymPy 來運算看看。

*6　等號兩邊的項為「內項」，外側兩端的項為「外項」。關於「項」，請參考第 8 章的專欄「1.2　一次函數與直線方程式」。

程式 4-3 是用式子⑦求 x 的解的程式。第 1 行到第 3 行是定義符號，第 5 行是定義式子⑦，第 7 行是用式子⑦求 x 解的指令。請把方程式代入 solve() 的第一個引數，然後於第二個引數指定符號，要求此方程式求指定符號的解。

程式 4-3　用式子⑦求 x 的解

```
1.  x = sp.Symbol('x')
2.  x1, x2 = sp.symbols('x1, x2')
3.  m, n = sp.symbols('m, n')
4.
5.  expr = sp.Eq(n*(x-x1), m*(x2-x))    # n(x − x₁) = m(x₂ − x)  式子⑦
6.  display(expr)
7.  display(sp.solve(expr, x))          # 用式子⑦求 x 的解
```

執行程式 4-3，就會如下顯示兩個式子。

$$n(x - x_1) = m(-x + x_2)$$

[(m*x2 + n*x1)/(m + n)]

上面的第一個式子是第 5 行定義的式子，第二個式子是用上式求出的 x 解，也就是點 C 的值。

接著，讓我們來看看與 y 軸平行的直線。圖 4-8 是圖 4-7 逆時鐘旋轉 90 度的樣子。跟前面一樣，設定線段始點 A 的值為 y_1，線段終點 B 的值為 y_2，點 C 的值為 y，列出比例式，就可以利用 $m:n$ 的比例，求出內分線段 AB 的點 C 值。

圖 4-8　將線段 AB 內分為 $m:n$ 的點 C（垂直方向）

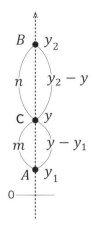

整理前面的式子，可得線段 AB 內分為 $m:n$ 的點坐標如下式：

$$\left(\frac{mx_2+nx_1}{m+n}, \frac{my_2+ny_1}{m+n}\right) \quad \text{——公式❷}$$

中點是將線段內分為 1：1 的點，因此將 1 代入公式❷的 m 和 n，可得：

$$\left(\frac{x_1+x_2}{2}, \frac{y_1+y_2}{2}\right) \quad \text{——公式❸}$$

跟前面圖 4-6 上的坐標一樣。

Python Tips **用分數來表示分數**

看了程式 4-3 的執行結果，你可能會感到有點失望，「分數的式子竟然是這樣顯示……」。也有人可能會覺得，「程式跑出來的東西跟書上顯示的數學式不太一樣」。想用分數來表示分數式的時候，可以使用 SymPy 模組的 init_printing() 函式。執行這個指令，可以在你所使用的作業環境，得到最佳的輸出結果。讓我們來試試看。

```
In [7] :          sp.init_printing()
                  display(sp.solve(expr, x))
```

依據上述順序執行指令，應該可以如下漂亮地顯示分數式：

$$\left[\frac{mx_2 + nx_1}{m+n}\right]$$

5 垂直平分線的方程式

我們在前面看了直線的垂直條件，以及線段中點坐標的求法，分別可以用以下數學式來表示：

直線的垂直條件　$a_1 a_2 = -1$　── 公式❶（同前式）[*7]

線段的中點　$\left(\frac{x_1+x_2}{2}, \frac{y_1+y_2}{2}\right)$　── 公式❸（同前式）[*8]

結合上面兩式，可以用式子來表示，通過給定的線段中點，垂直於此線段的直線（圖 4-9）。這種直線稱為「垂直平分線」（又稱為「中垂線」）。

圖 4-9　連接 (-2,1) 和 (6,5) 的線段和垂直平分線

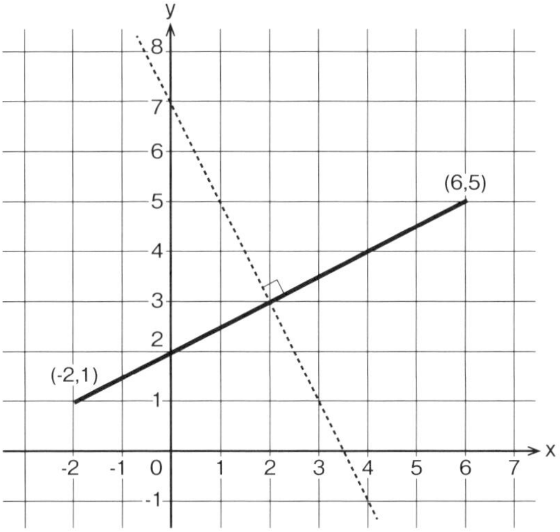

*7　請參考本章的「3 直線的垂直條件」。

*8　請參考本章「4 直線和線段」的專欄「將線段分為 $m:n$ 的點坐標」。

我們先來看斜率。$\frac{y\text{的增加分}}{x\text{の增加分}}$ 可求出線段兩端點為 (-2,1) 和 (6,5) 的斜率，計算 $\frac{5-1}{6-(-2)}$，可得結果為 $\frac{1}{2}$。假設 a_1 為 $\frac{1}{2}$，依據直線的垂直條件（公式❶），可求出正交的直線斜率為 -2。

另外，把坐標分別代入公式❸，計算 $\left(\frac{-2+6}{2}, \frac{1+5}{2}\right)$，可得線段的中點坐標為 (2, 3)。然後求通過點 (2, 3)，斜率為 -2 的直線方程式，就可以求出垂直平分線的方程式如下：

$$y = a(x - x_1) + y_1 \quad \text{——第 3 章的公式❸（同前式）}^{*9}$$

把斜率和中點坐標代入上式，得 $y = -2(x - 2) + 3$，可求出垂直平分線的方程式為：

$$y = -2x + 7$$

讓我們來看看這個式子是否真的能畫出垂直平分線。

*9　請參考第三章的「3.2 利用公式」。

程式 4-4 是繪製連接 (2,1) 和 (6,5) 兩點的線段，以及 $y = -2x + 7$ 圖形的程式。

程式 4-4　連接 (2,1) 和 (6,5) 兩點的線段，以及 y=-2x+7 的圖形

```
1. import numpy as np
2.
3. # 線段和中點
4. plt.plot([-2, 6], [1, 5])          # 連接 (-2,1) 和 (6,5) 兩點的線段
5. plt.scatter(2, 3)                       # 線段的中點
6.
7. # 垂直平分線
8. def func(x):
9.     return -2*x+7                  # y = -2x + 7
10. x = np.arange(0, 5)              # x 的範圍（0 ～ 4）
11. y = func(x)
12. plt.plot(x, y)
13.
14. # 顯示畫面
15. plt.axis('equal')
16. plt.grid(color='0.8')
17. plt.show()
```

程式的第 4 行繪製線段。

```
plt.plot([-2, 6], [1, 5])
```

[-2, 6] 為線段起點和終點的 x 坐標，[1, 5] 為 y 坐標。而第 5 行的 scatter() 則繪製線段的中點。

第 8 行到第 12 行繪製 $y = -2x + 7$ 圖形。程式 4-4 將 x 的範圍設為 0 到 4，這是為了讓圖形有較佳的顯示效果，因而調整了值。執行此程式，可以得到圖 4-10 的圖形。

圖 4-10　執行程式 4-4 的結果

（圖表）

6 過圓上一點的切線

前面我們看了線與線的關係，接下來換個角度，來看看線與圓的關係吧。

從圓外一點 A，如穿過圓般畫一直線時，這條直線一定會跟圓相交於兩點（圖 4-11 的虛線）。直線與圓相交於兩點，形成圓周的一部分稱為「弧」；連接圓周上兩點的線段稱為「弦」。改變直線的斜率，縮小弧和弦，直線最後會通過圓周上的一點（圖 4-11 的實線）。這條直線稱為圓的「切線」，圓與直線相交的點稱為「切點」。

圖 4-11　圓的切線

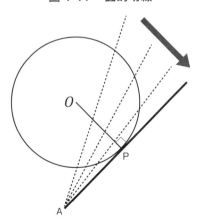

圓的切線有一性質：「圓心與切點的連線必正交於切線」。也就是說，只要知道圓心和切點的坐標，就可以按照前一節的方式，求出切線的直線方程式。

程式 4-5 是繪製以坐標原點為中心，半徑為 1 的圓，以及與圓相切直線的程式。第 2 行到第 5 行是繪製圓，第 8 行到第 11 行則是繪製圓上一點，這些繪圖處理利用了三角比。詳細請參考後面的專欄。

程式 4-5　繪製半徑為 1 的圓與切線的程式

```
1.  # 圓
2.  th = np.arange(0, 360)
3.  x = np.cos(np.radians(th))
4.  y = np.sin(np.radians(th))
5.  plt.plot(x, y)
6.
7.  # 圓上的點（切點）
8.  th = 315
9.  x1 = np.cos(np.radians(th))
10. y1 = np.sin(np.radians(th))
11. plt.scatter(x1, y1)
12.
13. # 圓上的點（切點）
14. plt.plot([0, x1], [0, y1])
15. a1 = y1 / x1                        # 線段的斜率
16.
17. # 切線
18. a2 = -1 / a1                        # 切線的斜率
19. def func(x):
20.     return a2 * (x-x1) + y1         # 表示切線的方程式
21. x = np.arange(-1.5, 2)
22. y = func(x)
23. plt.plot(x,y)
24.
25. # 顯示畫面
26. plt.axis('equal')
27. plt.show()
```

請看圖 4-12。這是在程式 4-5 的第 2 行到第 5 行繪製的圓上，加上坐標軸的圖形。讓我們用這張圖，來仔細看看程式 4-5 吧。

圖 4-12　以坐標原點為中心，半徑為 1 的圓

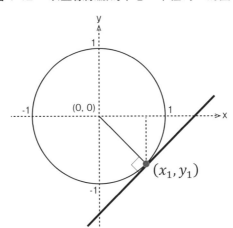

圓心為坐標原點，也就是 (0, 0)，若圓上一點的坐標為 (x_1, y_1)，則連接圓心和 (x_1, y_1) 的線段斜率，可以用 $\frac{y_1}{x_1}$ 求得。程式的第 9 行到第 10 行求 (x_1, y_1) 的解，第 15 行計算斜率。第 14 行則是將圓心 (0, 0) 和 (x_1, y_1) 兩點連成線的指令。

切線與連接圓心和切點的線段正交，因此依據直線的垂直條件，切線的斜率 a_2 為 $-\frac{1}{a_1}$（第 18 行）。得到斜率和切點坐標後，將之代入下式，便可求出表示切線的方程式（第 20 行）。

$$y = a(x - x_1) + y_1 \quad \text{——第 3 章的公式 ❸（同前式）}^{*10}$$

第 21 行到第 23 行則是使用上式繪製切線。讓我們執行程式，確認一下吧（圖 4-13）。

*10　請參考第 3 章的「3.2 利用公式」。

圖 4-13　執行程式 4-5 的結果

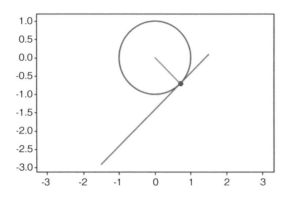

此外，程式 4-5 的第 8 行，決定了圓上一點（切點）的坐標。代入變數 th 的值，是以 x 軸的正向為起點，逆時鐘旋轉的角度（圖 4-14）。請確認看看，如果改變了值，會怎麼樣？

圖 4-14　指定圓上一點

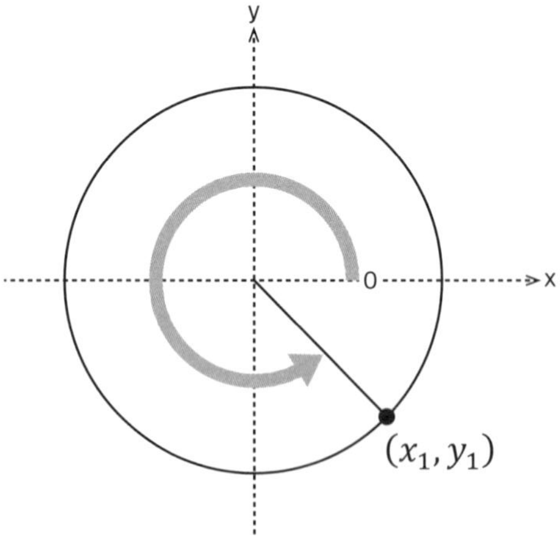

此外，程式 4-5 的第 8 行，決定了圓上一點（切點）的坐標。代入變數 th 的值，是以 x 軸的正向為起點，逆時鐘旋轉的角度（圖 4-14）。請確認看看，如果改變了值，會怎麼樣？

(x_1, y_1)

專欄 **用三角比畫圓**

只要決定好直角三角形直角外一內角的大小，就可以決定三角形的形狀。換句話說，也就是內角的大小，決定了直角三角形的三邊比。

如圖 4-15，假設三個邊的邊長分別為 a、b、c。這個時候，$a{:}c$、$b{:}c$、$a{:}b$ 的邊長比，我們可以用既定的寫法來表示——$\sin\theta$、$\cos\theta$、$\tan\theta$ [*11]，這叫作「三角比」。表 4-1 是主要的三角比。像這樣，只要給定內角的大小，就可以決定兩邊長的比，這也稱為「三角函數」。

圖 4-15　三角比

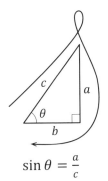

$$\sin\theta = \frac{a}{c}$$

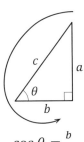

$$\cos\theta = \frac{b}{c}$$

$$\tan\theta = \frac{a}{b}$$

表 4-1　三角函數表（節錄）

角度	sin	cos	tan
0°	0	1	0
30°	0.5	0.866	0.5774
45°	0.7071	0.7071	1
60°	0.866	0.5	17321
90°	1	0	—

*11　角 θ 和邊的關係，可以利用圖 4-15 的筆畫圖形來記憶。

利用三角比，可以求出三角形的邊長和角度等等，這裡想再跟各位介紹繪製圓的方法。圖 4-16 是以坐標原點為中心，半徑為 1 的圓 [*12]。假設連接圓上一點 $P(x,y)$ 和圓心的線段，與 x 軸所形成的角為 θ，$\cos\theta$ 和 $\sin\theta$ 的值可如下求得：

$$\cos\theta = \frac{x}{1} \qquad \sin\theta = \frac{y}{1}$$

換個寫法，點 P 的坐標可以用 $(\cos\theta, \sin\theta)$ 來表示 [13]。讓我們以此為基礎，來畫畫看圓吧。於 $0 \sim 359°$ 的範圍，每次 $1°$ 改變角的大小，求出相對應的點 P 坐標。然後將得到的 360 個點依序連成線，應該可以繪製出半徑為 1 的圓。用人工方式計算太麻煩了，就讓程式 4-5 來為我們代勞吧。

*12　這叫作「單位圓」。

*13　當 θ 為 0 度、90 度、180 度、和 270 度時，無法形成直角三角形，因此無法從三個邊長的比求出坐標。將之定義為 $(\cos\theta, \sin\theta)$，就可以不受內角大小的限制定義坐標。

圖 4-16　　三角比與圓

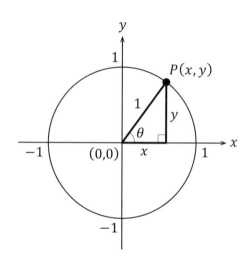

這部分是由程式 4-5 的第 2 行到第 5 行來處理。

```
2. th = np.arange(0, 360)        # 0 ～ 359°
3. x = np.cos(np.radians(th))    # x 坐標
4. y = np.sin(np.radians(th))    # y 坐標
5. plt.plot(x, y)                # 繪製圓
```

第 3 行和第 4 行的 sin()、cos() 為 NumPy 模組定義的指令，為取得對應內角 sin、cos 值的函數。使用這些函數時，指定引數，角度的給定不是使用度數法（例如：給定 $45°$ 或 $60°$），而是指定「弧度量」（radian），使用弧度法的單位。這個轉換工作是由 NumPy 模組的 radians() 函式來進行。

另外，弧度法指的是，用弧長來表示角度的方法（圖 4-17）[14]。

圖 4-17　角度和弧長的關係

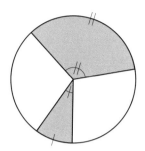

從圖 4-17 可知，扇形的弧長跟圓心角的大小是成比例的。圓的半徑為 r 的圓周是 $2\pi r$。也就是將 $360°$ 轉換為弧度法的弧度量，弧度量為 2π。當角度為 $45°$ 時，下面的比例式成立：

$$360: 2\pi = 45: x$$

由此式如下來解 x：

$$360x = 90\pi$$

$$x = \frac{1}{4}\pi$$

可得 $45°$ 為 $\frac{1}{4}\pi$。

*14　再說得更準確點，弧度法指的是，用圓弧的長（l）和圓的半徑（r）的比，來表示角度（θ）的方法。用式子來表示就是：$\theta = \frac{l}{r}$。

7 完全不相交的兩條直線

圖 4-18 的兩條實線，皆與虛線成垂直相交。而這兩條實線再怎麼延伸，也不會相交。這種狀態稱為「平行」。

圖 4-18　與虛線垂直的直線

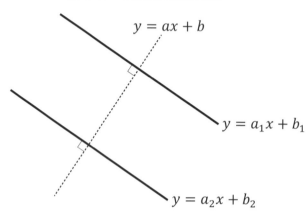

若虛線的斜率為 a，依據直線的垂直條件，兩條實線的斜率（圖 4-18 的 a_1、a_2）皆為 $-\frac{1}{a}$。當兩條直線用 $y = a_1x + b_1$ 和 $y = a_2x + b_2$ 來表示，若：

$$a_1 = a_2 \quad\text{—— 公式 ❹}$$

兩條直線便互相平行。這稱為兩條直線的「平行條件」。

前面提到了很多次「移動直線」[*15]，大家應該已經很明白，移動直線，斜率也不會改變。移動直線，會發生變化的只有截距的值而已（圖 4-19）。這部分請參考前面第 2 章說明的「8 什麼決定了直線的位置？」和「9 表示直線的方程式」。

圖 4-19　移動直線⋯⋯

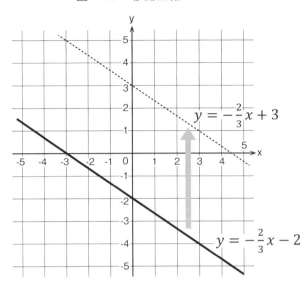

$$y = -\frac{2}{3}x + 3$$

$$y = -\frac{2}{3}x - 2$$

*15　請參考本章的「2 兩條直線正交時成立的法則」。

專欄 圓切線的性質

本章於「6 過圓上一點的切線」中提到，切線具有一性質：「圓心與切點的連線必正交於切線」。如圖 4-20，畫一垂直於半徑的直線 AB，將此直線往點 P 的方向移動，相接於點 P 的直線，確實與半徑形成了直角，對吧？

圖 4-20　移動垂直於圓心與切點連線的直線⋯⋯

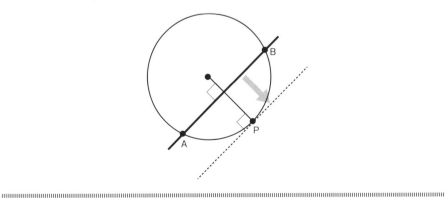

第 **5** 章
點與直線的距離

如果有人請你：「用尺和圓規，在這張紙上畫直角三角形」，你會怎麼做呢？有量角器或三角規的話，畫直角應該很簡單，但就算沒有這些工具，只要知道「畢氏定理」，也可以正確地畫出直角。本章的重點關鍵字就是「直角」，讓我們從直角，一起來思考「距離」。

1 畢氏定理

畢氏定理 [1] 就是「直角三角形斜邊長的平方，等於兩股長的平方和」，若直角三角形的斜邊長為 c，剩餘兩邊的邊長為 a、b，畢氏定理可以用下式來表示（圖 5-1）：

$$c^2 = a^2 + b^2 \quad \text{—— 公式 ❶}$$

很多人應該都記得這個定理，但大部分的人應該都是死記的吧。為什麼公式❶會成立呢？您想過這個問題嗎？

圖 5-1　直角三角形的例子

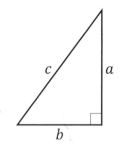

*1　又稱為「三平方定理」。順帶一提，「平方」就是某數連乘兩次，跟二次方是同樣的意思。

圖 5-2 是用四個圖 5-1 的直角三角形所組成的圖形。最外側的正方形面積 S 如下，沒錯吧？

$$S = (a + b)^2 \quad \text{——①}$$

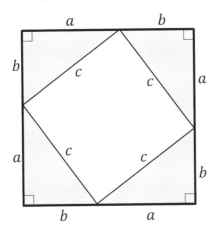

圖 5-2 畢氏定理的證明

另外，這個正方形由四個直角三角形，和內側的白色正方形所組成。假設直角三角形的面積為 s_1，白色正方形的面積為 s_2，最外側的正方形面積 S 為：

$$S = s_1 \times 4 + s_2 \quad\text{——②}$$

s_1 和 s_2 的面積分別為：

$$s_1 = \frac{1}{2}ab$$
$$s_2 = c^2$$

將之代入②，可得：

$$S = \frac{1}{2}ab \times 4 + c^2 = 2ab + c^2 \quad\text{——③}$$

①和③為最外側正方形的面積，①和③的值相等，因此下式成立：

$$(a + b)^2 = 2ab + c^2$$

將上式展開，並整理成：

$$a^2 + 2ab + b^2 = 2ab + c^2$$
$$a^2 + b^2 = c^2$$

和公式❶一模一樣，對不對？

用尺和圓規畫直角三角形

先畫出 3 公分長的線段 AB，接著將圓規打開的距離設為 5 公分，然後以點 A 為中心，畫一半徑 5 公分的圓弧。同樣的，以點 B 為中心，畫一半徑 4 公分的圓弧。兩個圓弧的交點，與點 A 和 B 連成線，直角三角形就完成了（圖 5-3）。

圖 5-3　繪製直角三角形

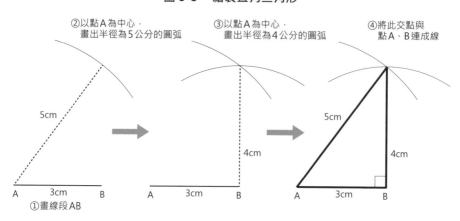

除了此例使用的邊長組合「3、4、5」外，其他還有：「5、12、13」、「7、24、25」等等，符合 $a^2 + b^2 = c^2$ 的自然數[2]組合還有很多。這些自然數組合稱為「畢氏三元數組」。

---

[2] 如：1、2、3……等正整數。這裡將 0 排除於正整數之外。

2 兩點間的距離

畢氏定理不是只能拿來畫直角，比如說，它也可以用來求圖 5-4 線段 AB 的長，讓我們仔細來看看吧。

圖 5-4　怎麼測量線段 **AB** 的長？

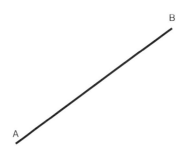

圖 5-5 為圖 5-4 加上坐標軸的樣子。畫一通過點 A，與 x 軸平行的直線，以及通過點 B，與 y 軸平行的直線，便可形成直角三角形。從坐標，可以求出此直角三角形的兩股長。

圖 5-5　以線段 **AB** 為斜邊的直角三角形

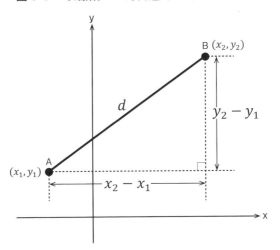

若點 A 的坐標為（x_1, y_1），點 B 的坐標為（x_2, y_2），從點 A 到點 B 水平方向的長度為 $x_2 - x_1$，垂直方向的長度為 $y_2 - y_1$。線段 AB 為此直角三角形的斜邊，假設斜邊長為 d，依據畢氏定理，斜邊長可以用下式來表示：

$$d^2 = (x_2 - x_1)^2 + (y_2 - y_1)^2$$

線段 AB 的長一定為正數，因此，取平方根可得：

$$d = \sqrt{(x_2 - x_1)^2 + (y_2 - y_1)^2}　\text{── 公式❷}$$

第**5**章

點與直線的距離

我們可以用公式❷，求出給定兩點之間的距離。

程式 5-1 的 dist_p2p()，是用公式❷求出兩點之間距離的函式。四個引數的順序，從最前頭開始分別為第一個點的 x 坐標、y 坐標、第二個點的 x 坐標、y 坐標。平方根的運算，則是使用內建於 Math 模組的 sqrt() 函式。請務必於一開始匯入模組。

程式 5-1　求兩點間距離的函式

```
1. import math
2.
3. def dist_p2p(x1, y1, x2, y2):
4.     return math.sqrt((x2-x1)**2 + (y2-y1)**2)
```

執行程式 5-1，之後的 cell 就可以使用 dist_p2p() 函式。這裡我們試著用此函式求求看 (-1, -1) 和 (5, 7) 兩點間的距離。

```
In [2] :     d = dist_p2p(-1, -1, 5, 7)
             d

  Out       [2] :10.0
```

結果為「10.0」。覺得「這正確嗎？」的人，請看著圖 5-6 想一想。這裡思考的提示是畢氏三元數組[*3]。大家最熟悉的「畢氏三元數組」應該是「3、4、5」，這個組合的自然數倍數，一定也是畢氏三元數組。

圖 5-6　以連接 **(-1, -1)** 和 **(5, 7)** 的線段為斜邊的直角三角形

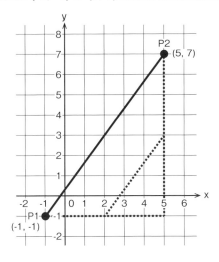

*3　請參考前一節的專欄「用尺和圓規畫直角三角形」。

Python Tips 指定坐標給函式

有些人應該會覺得，「因為坐標是 (x, y) 這樣標示，所以求兩點間的距離，指定 x 坐標和 y 坐標時，也想如下用括號 ( ) 來表示！」

```
d = dist_p2p((-1, -1), (5, 7))
```

這個時候，可以如程式 5-2 來定義 dist_p2p()。

程式 5-2　指定坐標給 **dist_p2p()**（程式 **5-1** 的改良版）

```
1. def dist_p2p(p1, p2):
2.     return math.sqrt((p2[0]-p1[0])**2 + (p2[1]-p1[1])**2)
```

引數的 p1 和 p2 是兩點的坐標。兩兩分次接收坐標值，以第一個值作為 x 坐標，第二個值作為 y 坐標來進行運算。遵循此規則時，可以如下取得坐標：第一個點的 x 坐標為 p1[0]、y 坐標為 p1[1]、第二個點的 x 坐標 p2[0]、y 坐標為 p2[1]。

呼叫此函式時，請如下用小括號「()」把兩點坐標包起來：

```
d = dist_p2p((-1, -1), (5, 7))
```

這是 Python 元組型態的資料。元組型態的資料，如此例 x 坐標和 y 坐標的組合，適合用於管理數值相同、但意義不同的值。

專欄 兩點間的距離與碰撞檢測

請想像一下用手機玩遊戲的畫面。畫面上方顯示遊戲角色，下方為球。瞄準遊戲角色，把球彈射出去……。您應該也猜得到，球是否命中目標，決定了之後遊戲的展開。

在遊戲程式的設計，偵測物體之間是否發生了碰撞，稱為「碰撞檢測」，而這個檢測的必要資訊，就是兩點間的距離。那該怎麼利用距離來進行檢測呢？這裡簡單說明一下檢測的機制。

圖 5-7 用圓將遊戲角色包起來，以利進行碰撞檢測。當兩個角色碰撞時，兩個圓就會發生相交（圖 5-7 中央）。

圖 5-7　判斷是否發生碰撞

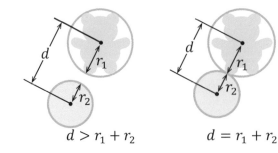 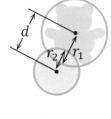

$$d > r_1 + r_2 \qquad d = r_1 + r_2 \qquad d < r_1 + r_2$$

若把遊戲角色包起來的圓半徑為 r_1，球的半徑為 r_2，連結兩個圓心的線段長為 d，當兩圓發生碰撞時：

$$d = r_1 + r_2$$

若：

$$d < r_1 + r_2$$

則球和遊戲角色會因為碰撞，而擠壓在一起（圖 5-7 右）。

相反的，若：

$$d > r_1 + r_2$$

球和遊戲角色為未碰撞的狀態。

這裡假設包住遊戲角色的圓心坐標為 (x_1, y_1)，球的中心坐標為 (x_2, y_2)，此兩點間的距離，可以用前一節的公式❷求得：

$$\sqrt{(x_2 - x_1)^2 + (y_2 - y_1)^2} \ \text{と} \ r_1 + r_2$$

因此只要如下比較下面兩個數值，就可以進行碰撞檢測。意即，當下式成立時，就表示兩個圓發生了碰撞，也就是說，球和遊戲角色撞在一起。

$$\sqrt{(x_2 - x_1)^2 + (y_2 - y_1)^2} \leq r_1 + r_2 \ .$$

3 原點到直線的距離

這次我們從直線外的一點，來測量看看點與直線的距離吧。如果是你，你會怎麼測量呢？直線上不同的位置，測出來的距離也可能會不一樣對不對？這有點讓人困擾。

點到直線的距離，可以定義為點到直線的垂線長度（圖 5-8）。這樣定義，距離便為固定值。

圖 5-8　　點到直線的距離

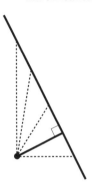

我們先來看原點到直線的距離吧。為方便測量，圖 5-9 將圖 5-8 的點移動到坐標原點。

圖 5-9　　原點到直線的距離

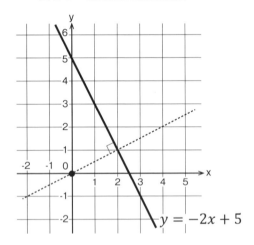

$$y = -2x + 5$$

從圖形可知直線（實線）的方程式為：

$$y = -2x + 5$$

我們要求的長，就是原點到這條直線的距離，也就是畫一通過原點，並垂直相交於這條直線（虛線），兩條直線的交點 [4] 到原點的距離。

*4　此交點稱為「垂足」。

我們先來求垂線的斜率。依據直線的垂直條件（$a_1 a_2 = -1$）[*5]，可知斜率為 $\frac{1}{2}$。因為此垂線通過原點，因此截距為 0。也就是說，與直線 $y = -2x + 5$ 垂直相交的直線方程式為：

$$y = \frac{1}{2}x$$

*5　請參考第 4 章的「3 直線的垂直條件」。

將這兩個直線方程式組成聯立方程式求解，可以求出交點[*6]。這裡利用 SymPy 模組來運算吧（程式 5-3）。

程式 5-3　求兩條直線的交點

```
1.  import sympy as sp
2.  sp.init_printing()
3.
4.  # 定義符號和式子
5.  x, y = sp.symbols('x, y')
6.  expr1 = sp.Eq(y, -2*x+5)        # y = -2x + 5
7.  expr2 = sp.Eq(y, 1/2*x)         # y = 1/2 x
8.
9.  # 解聯立方程式
10. p = sp.solve([expr1, expr2])
11. p
```

*6　請參考第 3 章的「5.2 直線的交點」。

執行程式 5-3 後，便會如下顯示聯立方程式的解，也就是交點的坐標。

$$\{x: 2.0, y: 1.0\}$$

大括號 {} 表示此為 Python 字典型態的資料，個別的值可以透過鍵值 p[x] 和 p[y] 取得。

知道交點坐標後，接著只要使用求兩點間距離的公式❷，就可以求出直線到原點的距離。這裡讓我們使用程式 5-2 定義的 dist_p2p() 函式吧。執行程式 5-2、程式 5-3 後，再執行下面的指令，就會顯示結果 [7]。

```
In [6] :  d = dist_p2p((0, 0), (p[x], p[y]))
          d
          Out [6] :      2.23606797749979
```

[7] 2.23606797749979 為 $\sqrt{5}$（$= \sqrt{2^2 + 1^2}$，5 的平方根的正數）四捨五入取到小數點後第 15 位的值。

4 點到直線的距離

前一個章節是求原點到直線的距離，但同樣的方式，也可以求原點之外的點到直線的距離。讓我們複習一下求距離的步驟和方法吧。

步驟 1　求垂直相交於給定直線 $y = a_1 x + b$ 的直線斜率 a_2

利用直線的垂直條件 [8] 可求出直線斜率。

$a_1 a_2 = -1$　── 第 4 章的公式❶（同前式）

步驟 2　求與通過定點（x_1, y_1）的直線垂直相交之直線方程式

此可以藉由通過（x_1, y_1），且斜率為 a_2 的直線之公式 [9] 求得。

$y = a_2(x - x_1) + y_1$　── 第 3 章的公式❸（同前式）

步驟 3　求給定的點到直線的垂足（x_2, y_2）

垂足指的是，一條直線與其垂線的交點。垂足可以藉由兩直線方程式組成聯立方程式求得解。

步驟 4　求給定的點（x_1, y_1）到垂足（x_2, y_2）的距離

此可以使用求兩點間距離的公式。

$d = \sqrt{(x_2 - x_1)^2 + (y_2 - y_1)^2}$　── 公式❷（同前式）

[8]　請參考第 4 章的「3 直線的垂直條件」。
[9]　請參考第 3 章「3.2 利用公式」。

程式 5-4 是求圖 5-10 的點 (1,6) 到直線 $y = \frac{2}{3}x + 1$ 距離的程式。從垂直條件可知，點到直線的垂線斜率為 $-\frac{3}{2}$，因此可將上述步驟二之後的運算寫成程式 5-4。

圖 5-10　點 (1,6) 與直線 $y = \frac{2}{3}x + 1$

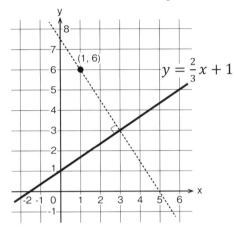

程式 5-4　點 (1,6) 到直線 $y = \frac{2}{3}x + 1$ 的距離

```
1. # (2) 垂線的方程式
2. x = sp.Symbol('x')
3. ex = -3/2*(x-1)+6
4. display(ex)
5.
6. # (3) 2 兩直線的交點
7. y = sp.Symbol('y')
8. expr1 = sp.Eq(y, 2/3*x+1)
9. expr2 = sp.Eq(y, ex)
10. p = sp.solve([expr1, expr2])
11. display(p)
12.
13. # (4) 點到直線的距離
14. d = dist_p2p((1, 6), (p[x], p[y]))
15. d
```

第 5 章　點與直線的距離

第 3 行求與通過點 (1, 6)，和直線 $y = \frac{2}{3}x + 1$ 垂直相交的直線方程式，然後代入變數 ex。第 8 行為給定直線方程式，第 9 行求第 3 行垂線的直線方程式，第 10 行則是將兩式組成聯立方程式求解的指令。如此可以求出交點的坐標。方程式的解會被代入 p，因此可以如第 14 行，指定引數後，便可求出點 (1, 6) 到交點的距離。

第 14 行求兩點間距離的 dist_p2p()，是使用程式 5-1 定義的函式。

執行這個程式，就會下顯示三個值。

$$7.5 - 1.5x$$
$$\{x: 3.0, y: 3.0\}$$
$$3.605551275463989$$

第一個式子是變數 ex 的值，也就是點到直線的垂線方程式（程式 5-4 的第 3 行）。這裡是以實數來表示，若將式子改以分數來表示，則垂線的直線方程式為 $y = -\frac{3}{2}x + \frac{15}{2}$。第二個值為垂線與直線的交點坐標，第三個值為點到直線的距離[*10]。

*10　3.605551275463989 為 $\sqrt{13}$（$= \sqrt{3^2 + 2^2}$，13 的平方根的正數）四捨五入取到小數點後第 15 位的值。

5 點到直線的距離公式

只要知道給定的點到直線的垂足坐標，就可以求出點到直線的距離。按照前一節所說明的步驟進行運算，就可以求得距離，但似乎有點費工夫。這個時候，就是便利公式登場的時候了。

在第 3 章「1.1 函數和方程式」的專欄中，我們提到直線方程式除了 $y = ax + b$ 之外，也可以用下式來表示：

$$ax + by + c = 0　(a \neq 0 \text{ 或 } b \neq 0)$$　—— 第 3 章的公式❷（同前式）

假設這條直線到點 (x_1, y_1) 的距離為 d，透過下式可以求得距離：

$$d = \frac{|ax_1 + by_1 + c|}{\sqrt{a^2 + b^2}}$$ —— 公式❸

公式看起來很複雜，但比起按照先求點到直線的垂線，然後求出垂線與直線的交點坐標……的步驟來運算來要來得簡單吧。用跟前一節一樣的點和直線，來看看是不是可以得到同樣的值。

如果用 $ax + by + c = 0$ 來表示圖 5-11 的直線方程式，則：

$$\frac{2}{3}x - y + 1 = 0$$

因此，$a = \frac{2}{3}$、$b = -1$、$c = 1$。

圖 5-11　點 (1,6) 與直線 $y = \frac{2}{3}x + 1$（同前式）

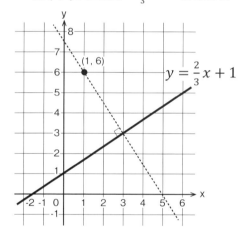

程式 5-5 的 dist_p2p()，是用這個值和點坐標，求出點到直線距離的函式。呼叫 dist_p2l() 函式時，點坐標要以元組的型態來指定（如 (1, 6)），還請留意。執行這個程式，就會如下顯示與程式 5-4 執行結果相同的值。

3.605551275463989

```
1. # 點到直線距離的公式
2. def dist_p2l(p, a, b, c):
3.     return math.fabs(a*p[0]+b*p[1]+c) / math.sqrt(a**2+b**2)
4.
5. # 點 (1,6) 到 y=2/3x+1 的距離
6. d = dist_p2l((1, 6), 2/3, -1, 1)
7. d
```

6 三角形的面積

知道點到直線的距離後，可以做的事情非常多。比方說，有圖 5-12 的三角形 ABC 時，假設邊 BC 為底邊 l，點 A 到邊 BC 上垂足的直線長度為高 h，從「底邊 × 高 × $\frac{1}{2}$」得 $\frac{1}{2}lh$，可求出三角形 ABC 的面積。計算高的時候，必須要有邊 BC 的直線方程式，這部分可以由點 B 和 C 的坐標求得 [11]。

[11]　請參考第 3 章的「4 通過兩點的直線方程式」。

圖 5-12　三角形 ABC

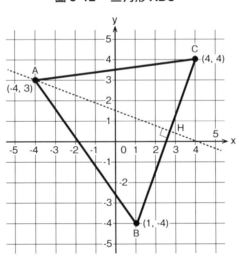

程式 5-6 是依據前述方式，求圖 5-12 三角形面積的程式。求兩點間距離的 dist_p2p() 函式定義於程式 5-2，求點到直線距離的 dist_p2l() 則定義於程式 5-5。在執行程式 5-6 前，請先在 Jupyter Notebook 執行敘述程式 5-2 和 5-5 的 cell。

程式 5-6　三角形 ABC 的面積

```
1.  # 用式子定義符號
2.  a, b = sp.symbols('a, b')              # 斜率 a、截距 b
3.  x = sp.symbols('x')                    # 未知數 x
4.
5.  # 邊 BC 的長（底邊）
6.  l = dist_p2p((1, -4), (4, 4))
7.  print(l)
8.
9.  # 邊 BC 的直線方程式（斜率和截距）
10. ex1 = sp.Eq(-4, a*1+b)                 # -4 = a + b
11. ex2 = sp.Eq(4, a*4+b)                  # 4 = 4a + b
12. ans = sp.solve([ex1, ex2])
13. display(ans[a]*x+ans[b])
14.
15. # 點 A 到邊 BC 的距離（高）
16. h = dist_p2l((-4, 3), ans[a], -1, ans[b])
17. print(h)
18.
19. # 三角形的面積
20. s = 1/2*l*h
21. print(s)
```

第 10 行到第 12 行這段處理是求邊 BC 直線方程式。將點 B 和 C 的坐標代入 $y = ax + b$，定義兩式，然後用 solve() 解聯立方程式。這裡求得的 ans[a] 為直線的斜率，ans[b] 為截距。利用斜率和截距，可求出邊 BC 的直線方程式為 $y = \text{ans}[a]x + \text{ans}[b]$。整理式子，讓等號右邊為 0，可得下式：

$$\text{ans}[a]x - y + \text{ans}[b] = 0$$

算到這裡，我們就可以使用求點到直線距離的公式了（第 16 行）。

圖 5-13 是執行程式 5-6 的結果。最後一行顯示的值，為三角形 ABC 的面積 [12]。

圖 5-13　執行程式 5-6 的結果

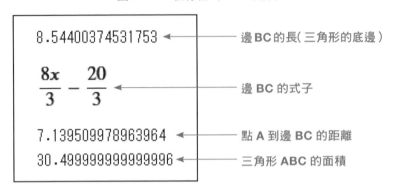

8.54400374531753 ← 邊 BC 的長（三角形的底邊）

$$\dfrac{8x}{3} - \dfrac{20}{3}$$ ← 邊 BC 的式子

7.139509978963964 ← 點 A 到邊 BC 的距離

30.499999999999996 ← 三角形 ABC 的面積

[12]　用電腦進行含小數點的運算時，一定會發生浮點誤差（請參考第 1 章的「6.1 變數」和「6.2 資料的種類」）。執行程式 5-6 後，再新增 cell，執行 round(s, 2)，便可得到四捨五入到小數點後第二位的值「30.5」。

7 導出點到直線距離公式的方法

求點到直線的距離時，使用公式是最簡單且確實的方法。講難聽點，就算不懂公式的原理，只要正確地使用，就可以得到答案。但如果你很在意「為什麼這個公式可以求出答案？」請仔細閱讀後面的說明。有些人可能會覺得「代數式的說明很難懂耶！」而且把具體的數值代入代數式，結果會因為符號不同而有所不同。就這點而言，無論直線的斜率或點的坐標是多少，代數式可以應用於各種情況上。接下來我將用代數式來說明，讓我們繼續看下去吧。

圖 5-14 的點 B 和直線 B，是移動點 A(x_1, y_1) 和直線 A，讓點 A 與移動到坐標原點的樣子。

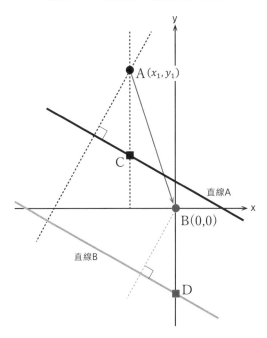

圖 5-14　將點和直線移動到原點

我們先假設直線 B 的方程式為：

$$ax + by + c = 0 \quad\text{——}①$$

然後改寫成下式，以求直線的斜率：

$$y = -\frac{a}{b}x - \frac{c}{b} \quad\text{——}①'$$

從直線的垂直條件可知，通過點 B，垂直於①'的直線 B 的垂線斜率為 $\frac{b}{a}$，這條垂線通過原點，因此截距為 0，也就是說，這條垂線的直線方程式如下：

$$y = \frac{b}{a}x \quad\text{——}②$$

得到各直線的方程式，就可以來求交點（原點到直線 B 的垂線，與直線相交的垂足）了。

將②代入①，把式子整理成 $ax + b\left(\frac{b}{a}x\right) + c = 0$：

$$x = -\frac{ac}{a^2+b^2} \quad \text{——} \text{③}$$

就可以如上求出 x 坐標。將③代入②，便可求出 y 坐標：

$$y = \frac{b}{a}\left(-\frac{ac}{a^2+b^2}\right) = -\frac{bc}{a^2+b^2} \quad \text{——} \text{④}$$

點到原點的距離，可以使用畢氏定理求得[*13]：

$$d = \sqrt{\left(-\frac{ac}{a^2+b^2}\right)^2 + \left(-\frac{bc}{a^2+b^2}\right)^2} = \sqrt{\frac{c^2}{a^2+b^2}} = \frac{|c|}{\sqrt{a^2+b^2}} \quad \text{——} \text{⑤}$$

接著我們來看看直線 A 吧。原點 (0, 0) 移動到點 (x_1, y_1)，因此以原點為基準來看，水平方向的移動量為$-x_1$（$= 0 - x_1$），垂直方向的移動量為$-y_1$（$= 0 - y_1$）。把直線 B 與 y 軸相交的點 D($0, -\frac{c}{b}$) 加上移動量，便可知圖 5-14 的點 C 為 $\left(-x_1, -\frac{c}{b} - y_1\right)$。直線 A 通過點 C，斜率跟直線 B 相同，因此可以利用第 3 章「3 通過(x, y)，斜率為 a 的直線方程式」所說明的公式，如下來表示：

$$y = -\frac{a}{b}\left(x - (-x_1)\right) + \left(-\frac{c}{b} - y_1\right)$$

再將上式去分母，讓等號右邊為 0，把式子整理成：

$$ax + by + (ax_1 + by_1 + c) = 0 \quad \text{——} \text{⑥}$$

這就是直線 A 的方程式。

終於要來求點 (x_1, y_1) 到直線 A 的距離了。⑥用括號包起來的部分為常數，將之代入求原點到直線距離的公式❸，便可以得到求點到直線距離的公式：

$$d = \frac{|ax_1 + by_1 + c|}{\sqrt{a^2+b^2}}$$

圖 5-15 彙整了所有的點、線和直線方程式，請參考參考。

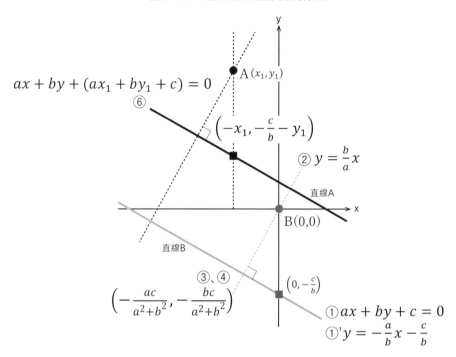

圖 5-15　將點和直線移動到原點

$ax + by + (ax_1 + by_1 + c) = 0$

⑥

$\left(-x_1, -\dfrac{c}{b} - y_1\right)$

A(x_1, y_1)

② $y = \dfrac{b}{a}x$

直線A

B$(0,0)$

直線B

$\left(-\dfrac{ac}{a^2+b^2}, -\dfrac{bc}{a^2+b^2}\right)$

③、④

$\left(0, -\dfrac{c}{b}\right)$

① $ax + by + c = 0$

①' $y = -\dfrac{a}{b}x - \dfrac{c}{b}$

*13　距離不會是負值，因此分子取平方根之後，必須取其絕對值。所以分子要用「| |」包起來。

用 SymPy 整理數學式

在導出求點到直線距離的公式前，我們整理了很多的數學式。其中又以求直線 B 到虛線交點（③、④），以及求其交點到原點距離（⑤），這些必須求平方或取平方根的式子，容易在手算時出錯。這個時候讓我們借助 SymPy 的力量吧。首先是定義符號。

```
In [1] :     a, b, c = sp.symbols('a, b, c')
             x = sp.Symbol('x')
```

接著把通過原點到直線 B 的垂線方程式（$y = \dfrac{b}{a}x$），代入直線 B 方程式 $ax + by + c = 0$ 的 y，然後求 x 的解。如此可以求出交點 x 的坐標。程式會以串列的形式回傳結果，值可由 px[0] 取得。

```
In [2] :     px = sp.solve(a*x+b*(b/a*x)+c, x)
             display(px[0])
```

$$\text{Out [2] :} \quad -\frac{ac}{a^2+b^2}$$

把得到的 x 值，代入垂直於直線 B 的垂線方程式（$y = \dfrac{b}{a}x$），可以求出 y 坐標。

```
In [3] :     py = b/a*px[0]
             display(py)
```

$$\text{Out [3] :} \quad -\frac{bc}{a^2+b^2}$$

使用畢氏定理，可以求出交點到原點的距離，這個時候使用 SymPy 的 sqrt() 函式來解平方根吧。Math 模組也有 sqrt() 函式，但這裡是數值運算，小心別弄錯了。

```
In [4] :     d = sp.sqrt((px[0]**2)+(py**2))
             display(d)
```

Out [4] : $\sqrt{\dfrac{a^2c^2}{(a^2+b^2)^2}+\dfrac{b^2c^2}{(a^2+b^2)^2}}$

程式顯示的式子還是有點複雜，所以這裡用 simplify() 來簡化公式。

In [5] : display(sp.simplify(d))

Out [5] : $\sqrt{\dfrac{c^2}{a^2+b^2}}$

公式變得清爽多了，對不對？取平方根後，此式變成 $\dfrac{|c|}{\sqrt{a^2+b^2}}$，跟⑤的式子相同。

第6章
到兩點等距的直線

紙上畫有兩個點。如果請你「畫一條到兩點距離相等的直線」，你會怎麼做呢？畫一條通過兩點之間的直線嗎？還是畫一條與連接兩點線段平行的直線？感覺可以畫出很多條直線，但實際在與兩點等距的地方打點，最後可以得到一條直線。

1 畫出到兩點等距的點

尺可以用來測量長度，想在與兩點等距的位置做記號的話，圓規則是最方便的工具。圖 6-1 是用圓規，取比連接兩點線段的一半還長一點的長度，以線段的兩個端點為中心畫圓。然後在兩圓相切的地方畫上點。兩點均位於大小相同的圓的圓周上，因此兩圓的圓心，也就是線段的兩個端點，與最初標示的兩點等距，對不對？

圖 6-1　以線段的兩端點為中心，畫相同半徑的圓

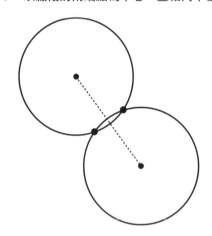

把圓規再打開一點，一樣以線段的兩端點為中心畫圓，然後將兩圓相切的地方畫上點……不斷重複這樣的作業，就會得到圖 6-2。從圖 6-2 應該可以看得出來，點都在同一條直線上。但這真的是直線嗎？如果這是一條直線，可以用什麼式子來表示呢？

圖 6-2　在到兩點等距的地方打點…

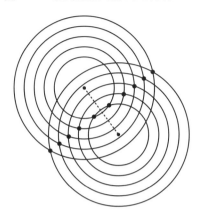

2 到兩點等距的直線方程式

讓我們來看看到坐標平面上的點 A(x_1, y_1)、點 B(x_2, y_2) 等距的點 P。如圖 6-3 畫上輔助線，可以畫出兩個直角三角形。

圖 6-3　求線段 AP 和 BP 的長

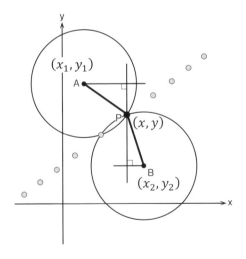

線段 AP、BP 分別為直角三角形的斜邊，因此依據畢氏定理，可以用下式來求出斜邊長：

$$AP = \sqrt{(x - x_1)^2 + (y - y_1)^2} \quad \text{——①}$$

$$BP = \sqrt{(x_2 - x)^2 + (y_2 - y)^2} \quad \text{——②}$$

此外，點 P 到 A 和 B 等距，因此 $AP = BP$。平方後等式依舊成立，因此 $AP^2 = BP^2$。①和②的等號左右兩邊平方，然後代入 $AP^2 = BP^2$，便可成立下式：

$$(x - x_1)^2 + (y - y_1)^2 = (x_2 - x)^2 + (y_2 - y)^2 \quad \text{——公式❶}$$

解此式的 y，便可得到圖 6-3 的列點，也就是到兩點等距的直線方程式。

讓我們來確認一下，公式❶是不是真的能畫出直線。用手算的方式整理數學式感覺很花時間，對不對？所以接下來，我們把具體的值放進程式來看看吧。

程式 6-1 是假設點 A 的坐標為 (1, 6)、點 B 的坐標為 (4, 2)，求到兩點等距直線方程式的程式。

程式 6-1　到兩點等距的直線方程式

```
1.  import sympy as sp
2.  sp.init_printing()
3.
4.  # 定義符號
5.  x, y = sp.symbols('x, y')
6.
7.  # 把值代入式子
8.  x1 = 1;   y1 = 6                    # 點 A
9.  x2 = 4;   y2 = 2                    # 點 B
10.
11. # 定義式子（AP² - BP² = 0）
12. expr = ((x-x1)**2+(y-y1)**2) - ((x2-x)**2+(y2-y)**2)
13. display(expr)
14. display(sp.simplify(expr))
```

```
15.
16. # 解式子的 y
17. ans = sp.solve(expr, y)
18. ans
```

第 5 行是定義程式內數學式的符號。程式 6-1 定義了 x 和 y。公式❶包含了 x_1、y_1、x_2、y_2，第 8 行到第 9 行將點 A 和點 B 的坐標代入這些代數中。

第 12 行則是定義公式❶。如下將式子整理成等號右邊為 0，定義[*1]的公式❶。

$$((x - x_1)^2 + (y - y_1)^2) - ((x_2 - x)^2 + (y_2 - y)^2) = 0$$

第 13 行到第 14 行是確認上面定義的式子。第 13 行為顯示原式，第 14 行則是顯示簡化的式子。

[*1] 使用 SymPy 的 Eq() 模組，如下式定義式子時，等號的左邊和右邊也可以用逗號（,）來區隔。

```
expr = sp.Eq((x-x1)**2+(y-y1)**2, (x2-x)**2+(y2-y)**2)
```

這個時候，只要執行第 14 行的 simplify()，程式就會整理等號的左右兩邊，簡化式子。

解此式的 y，便可求出到兩點等距的直線方程式（第 17 行）。讓我們執行程式，確認一下結果吧。

圖 6-4 是執行程式 6-1 的結果。由上而下，分別是定義好的式子、簡化後的式子，以及求直線方程式的式子。

圖 6-4　執行程式 6-1 的結果

$$-(2 - y)^2 - (4 - x)^2 + (x - 1)^2 + (y - 6)^2 \quad \longleftarrow 定義好的式子$$

$$6x - 8y + 17 \quad \longleftarrow 簡化後的式子$$

$$\text{Out[3]:} \quad \left[\frac{3x}{4} + \frac{17}{8} \right] \quad \longleftarrow 求直線方程式的式子$$

在一行程式碼中敘述多個指令

在程式 6-1 的第 8 行，將變數代入點 A 的座標時，如下把兩個敘述列成同一行程式碼。

```
x1 = 1;  y1 = 6
```

這個跟下面的分行敘述是同樣的意思。

```
x1 = 1
y1 = 6
```

將程式碼分行敘述是一般的做法，但就像是此例，有時候將敘述整合成一行反而比較好閱讀。將敘述整合成一行時，必須使用分號「;」以區隔敘述句。輸入時別忘了加上分號。

專欄 將值代入定義於 SymPy 的數學式

程式 6-1 先把具體的數值代入座標 (x_1、y_1、x_2、y_2) 後，才定義式子。除了將數值代入座標外，定義座標的符號，也可以導出一般式。程式 6-2 就是在第 3 行到第 4 行用符號定義座標，然後在第 15 行代入值。在代入值前，先求出前面定義的式子的 y，便可得到一般式形式的直線方程式（第 11 行到第 12 行）。圖 6-5 是執行程式 6-2 的結果。

程式 6-2　到兩點等距的直線方程式（一般式）

```
1.  # 定義符號
2.  x, y = sp.symbols('x, y')
3.  x1, y1 = sp.symbols('x1, y1')    # 點A
4.  x2, y2 = sp.symbols('x2, y2')    # 點B
5.
6.  # 定義式子（AP² − BP² = 0）
7.  expr = ((x-x1)**2+(y-y1)**2) - ((x2-x)**2+(y2-y)**2)
8.  display(expr)
```

```
 9.
10.  # 解式子的 y
11.  ans = sp.solve(expr, y)
12.  display(ans)
13.
14.  # 把值代入式子，取代 expr
15.  expr = expr.subs({x1:1, y1:6, x2:4, y2:2})
16.  display(expr)
17.
18.  # 解式子的 y
19.  ans = sp.solve(expr, y)
20.  ans
```

圖 6-5　執行程式 6-2 的結果

$$-(-x + x_2)^2 + (x - x_1)^2 - (-y + y_2)^2 + (y - y_1)^2$$ ◀ 定義好的式子

$$\left[\frac{y_1^2 - y_2^2 + (x - x_1)^2 - (x - x_2)^2}{2(y_1 - y_2)} \right]$$ ◀━━━ 到兩點等距的直線方程式

$$-(2 - y)^2 - (4 - x)^2 + (x - 1)^2 + (y - 6)^2$$ ◀━━━ 代入坐標後的式子

Out[6]: $$\left[\frac{3x}{4} + \frac{17}{8} \right]$$ ◀━━━ 到兩點 (1,6)、(4,2) 等距的
直線方程式

3 畫出到兩點等距的直線

在前一節，求出到 (1, 6)、(4, 2) 兩點等距的直線方程式為 $y = \frac{3}{4}x + \frac{17}{8}$。但沒有實際用這個式子畫畫看直線，我們沒辦法知道式子到底正不正確。這裡就用 Matplotlib.Pyplot 模組，把點和圖形畫出來看看吧。忘記圖形繪製方法的人，請參考第 2 章的內容。

程式 6-3 是繪製給定兩點，以及到此兩點等距直線圖形的程式。執行這個程式，就會顯示圖 6-6 的圖形。用圓規畫出來的圖形（圖 6-2），是不是跟圖 6-6 的直線一樣呢？

程式 6-3　到 (1, 6)、(4, 2) 兩點等距的直線圖形

```
1.  %matplotlib inline
2.  import matplotlib.pyplot as plt
3.  import numpy as np
4.
5.  # 到兩點（1,6）、(4,2) 等距的直線方程式
6.  def func(x):
7.      return 3/4*x + 17/8          # y = 3/4 x + 17/8
8.
9.  # x、y 的值
10. x = np.arange(-2, 10)
11. y = func(x)
12.
13. # 繪圖
14. plt.scatter(1, 6)                 # 點 A
15. plt.scatter(4, 2)                 # 點 B
16. plt.plot(x, y, marker='o')        # 到兩點等距的直線
17. plt.show()
```

其中第 7 行的註解為 $y = \frac{3}{4}x + \frac{17}{8}$

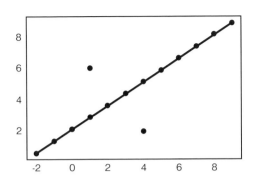

圖 6-6　執行程式 6-3 的結果

第 6 章　到兩點等距的直線

Python Tips 改變圖形的外觀

請看一下程式 6-3 的第 16 行。繪製圖形時，如下指定了 marker 符號樣式的選項。

```
plt.plot(x, y, marker='o')
```

指定樣式，便可以如圖 6-6，於 x、y 的位置上標示「●」。如表 6-1，你也可以指定其他符號樣式，請試試看。

表 6-1　主要標記樣式

marker	標記符號
'o'	●
's'	■
'^'	▲
'x'	×
'+'	+
'*'	★

如果在敘述引數時，省略「marker=」，如下只指定符號，畫出來的圖形只會顯示標記（圖 6-7），點不會連成線。

```
plt.plot(x, y, 'o')
```

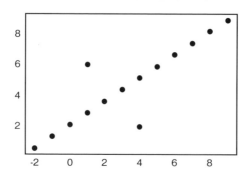

圖 6-7　敘述為 plt.plot(x, y, 'o') 時

另外，Matplotlib 會自動選擇點和圖形的顏色。因此，如果想自己指定顏色，請使用 color 選項。比方說，如下設定引數，便可以用紅色畫兩點，用黑色畫直線。

```
14. plt.scatter(1, 6, color='r')
15. plt.scatter(4, 2, color='r')
16. plt.plot(x, y, marker='o', color='k')
```

表 6-2 是 color 選項可以指定的主要顏色。'y'、'm'、'c' 和 'yellow'、'magenta'、'cyan' 所定義的顏色不同，請實際執行，確認看看。

表 6-2　color 選項可以指定的主要顏色

用單一文字指定	'r'、'g'、'b'、'y'、'm'、'c'、'k'、'w'
用顏色的名字指定	'red'、'green'、'blue'、'yellow'、'magenta'、'cyan'、'black'、'white'

4 任意線段的垂直平分線

通過線段的中點，與線段垂直相交的直線叫作「垂直平分線」。既「垂直」又「平分」，聽起來好像很難，但是用圓規就可以輕鬆畫出垂直平分線。

首先，用圓規取比線段的一半還長一點的長度，以線段的兩個端點為中心畫圓弧。將兩圓弧相交的點連成線，就是垂直平分線（圖 6-8）。

圖 6-8　作垂直平分線

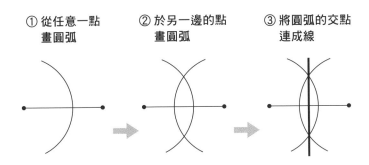

① 從任意一點　② 於另一邊的點　③ 將圓弧的交點
　畫圓弧　　　　　畫圓弧　　　　　連成線

重點在於，一開始設定圓規打開時的長度。如果長度比線段長度的一半還短，圓弧不會相交；若線段等於線段長度的一半，則兩圓弧僅相交於一點。只要兩圓弧相交於兩點，圓規要打開多大都可以。

到這裡，您注意到了嗎？沒錯，這個作圖方法，跟本章最一開始所說明的方法是一樣的（圖 6-9）。

圖 6-9　在兩圓周的相交處打點…

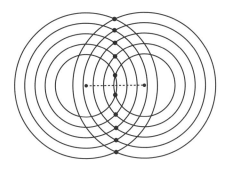

其實，到兩點等距的直線，跟垂直平分線是一樣的東西。也就是說，按照下面的步驟，可以求出到兩點等距的直線方程式 [2]。

步驟一　將指定兩點連成線段，求線段的中點

中點是將線段內分為 1:1 的點 [*3]，可以由下式求得：

$$\left(\frac{x_1+x_2}{2}, \frac{y_1+y_2}{2}\right)$$ —— 第 4 章的公式 ❸（同前式）

步驟二　求通過指定兩點的直線斜率

此為變化的比例 [*4]，可以由下式求得。

$$變化的比例 = \frac{x\,增加的程度}{y\,增加的程度}$$ —— 第 2 章的公式 ❷（同前式）

步驟三　從已知斜率，求正交直線的斜率

利用直線的垂直條件 [*5]，可求出直線斜率。

$$a_1 a_2 = -1$$ —— 第 4 章的公式 ❶（同前式）

步驟四　求通過中點，斜率為步驟三求得結果的直線方程式

此可透過下式求得：

$$y = a(x - x_1) + y_1$$ —— 第 3 章的公式 ❸（同前式）[*6]

*2　詳細請參考第 4 章的「5 垂直平分線的函式」。

*3　請參考第 4 章的「4 直線和線段」的專欄「將線段分為 $m:n$ 的點坐標」。

*4　請參考第 2 章的「5 什麼決定了直線的斜率？」。

*5　請參考第 4 章的「3 直線的垂直條件」。

*6　請參考第 3 章的「3.2 利用公式」。

比方說，來求求看連結 (1, 6)、(4, 2) 兩點線段的垂直平分線好了。此兩點的中點為 $\left(\frac{1+4}{2}, \frac{6+2}{2}\right) = \left(\frac{5}{2}, 4\right)$。此線段的斜率為 $\frac{2-6}{4-1} = -\frac{4}{3}$，因此正交於此線段的直線斜率為 $\frac{3}{4}$。也就是說，直線通過中點 $\left(\frac{5}{2}, 4\right)$，斜率為 $\frac{3}{4}$，將之代入步驟四的式子，可得：

$$y = \frac{3}{4}\left(x - \frac{5}{2}\right) + 4$$

把式子整理一下，可得：

$$y = \frac{3}{4}x + \frac{17}{8}$$

這個式子，跟本章「2 到兩點等距的直線方程式」求出的方程式一模一樣，對不對？

5 到三點等距的點

截至目前我們已知，任意線段的垂直平分線上的點，到線段兩端點的距離相等。換句話說，以垂直平分線上的點為中心，通過線段任一端點（點 A）畫圓，則線段另一邊的端點（點 B）一定會在圓周上（圖 6-10）。

圖 6-10　以垂直平分線上的點為中心畫圓

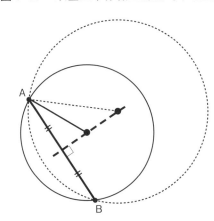

這裡再增加一個點看看。如果有三個點，只要三個點並非位於同一直線上，就一定可以畫出三角形。圖 6-11 在此三角形的各邊，畫出垂直平分線。這三條垂直平分線一定會相交於一點。有些人可能已經想到這是什麼了吧。就算從兩個點變成三個點，也可以用前面討論過的方法和數學式，算出此交點的位置。

圖 6-11　在三角形的三個邊上畫垂直平分線……

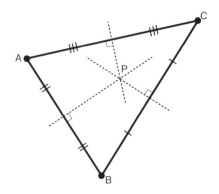

點 P 為邊 AB 垂直平分線上的一點，因此以 P 為中心，通過點 A 畫圓，此圓一定也會通過點 B，這部分已經由圖 6-10 確認過了。而同樣的，P 為邊 BC 垂直平分線上的一點，因此以 P 為中心畫圓，圓應該也會通過點 B 和點 C。點 A 和點 B、點 B 和點 C 在同一個圓上。也就是說，交點 P 到此三點等距。

到兩點等距的點聚集起來會變成直線，但到三點等距的點只會有一個。此外，到三點等距的點叫作「外心」，以外心為中心畫出來的圓稱為「外接圓」（圖 6-12）。

圖 6-12　外心和外接圓

程式 6-4 是用圖 6-12 的三個點，確認是否真的能畫出圓的程式。使用的點從兩個變成三個，因此程式比之前的超微長一些。但除了繪製圓的部分（第 46 行到第 48 行）之外，其他都是之前程式碼的組合，並不困難，請放心。

程式 6-4　到三點等距的點和外接圓

```
1.  import math
2.
3.  # 定義數學式的符號
4.  x, y = sp.symbols('x, y')
5.
6.  # 垂直平分線的方程式
7.  def perp_bisector(p1, p2):
8.      ex = ((x-p1[0])**2+(y-p1[1])**2) - ((p2[0]-x)**2+(p2[1]-y)**2)
9.      ex = sp.solve(ex, y)
10.     return sp.Eq(y, ex[0])
11.
12. # 兩點間的距離
13. def dist_p2p(p1, p2):
14.     return math.sqrt((p2[0]-p1[0])**2 + (p2[1]-p1[1])**2)
15.
16. #-----------
17.
18. # 三點的坐標
19. x1 = -2;  y1 = 4              # 點 A
20. x2 = 2;   y2 = -2             # 點 B
21. x3 = 7;   y3 = 6             # 點 C
22.
23. # 線段 AB 的垂直平分線方程式
24. expr1 = perp_bisector((x1, y1), (x2, y2))
25. display(expr1)
26.
27. # 線段 BC 的垂直平分線方程式
28. expr2 = perp_bisector((x2, y2), (x3, y3))
29. display(expr2)
30.
31. # 垂直平分線的交點 P
32. p = sp.solve([expr1, expr2])
```

```
33. display(p)
34.
35. # 點 A 到 P 的距離
36. r = dist_p2p((x1, y1), (p[x], p[y]))
37. display(r)
38.
39. # 繪製點
40. plt.scatter(x1, y1, color='k')        # 點 A
41. plt.scatter(x2, y2, color='k')        # 點 B
42. plt.scatter(x3, y3, color='k')        # 點 C
43. plt.scatter(p[x], p[y], color='r')    # 垂直平分線的交點（圓心）
44.
45. # 繪製圓
46. circle = plt.Circle((p[x], p[y]), r, fill=False, ec='r')
47. ax = plt.gca()
48. ax.add_patch(circle)
49.
50. # 寬高比以 1:1 表示
51. plt.axis('equal')
52. plt.show()
```

第 4 行定義了數學式的符號。這裡定義了 x 和 y 兩個符號，這兩個符號是到三點等距的點（外心）坐標。

第 7 行到第 10 行所定義的 perp_bisector()，是將輸入到引數的兩點連成線段，以 $y = ax + b$ 的形式回傳垂直平分線方程式的函式。引數 p1 和 p2，以元組的資料型態接收 x 坐標和 y 坐標，如：(-2, 4)。這個時候，可以如下取得坐標：第一個點的 x 坐標為 p1[0]、y 坐標為 p1[1]，第二個點的 x 坐標 p2[0]、y 坐標為 p2[1]。

```
7.  def perp_bisector(p1, p2):
8.      ex = ((x-p1[0])**2+(y-p1[1])**2) - ((p2[0]-x)**2+(p2[1]-y)**2)
9.      ex = sp.solve(ex, y)
10.     return sp.Eq(y, ex[0])
```

第 8 行是到兩點等距的直線方程式[7]，讓等號右邊為 0，將式子整理成下式。

$$(x - x_1)^2 + (y - y_1)^2 = (x_2 - x)^2 + (y_2 - y)^2 \quad\text{——公式❶（同前式）}$$

第 9 行則是解上式的 y 之後，用 Eq() 函式，以 $y = ax + b$ 的形式回傳方程式（第 10 行）。

[7] 詳細請參考本章的「2 到兩點等距的直線方程式」。

第 13 行到第 14 行的 dist_p2p()，是求給定兩點之間距離的函式。詳細請參考第 5 章的「2 兩點間的距離」。

到這裡，求到三點等距的點的準備工作就完成了。在第 19 行到第 21 行，代入圖 6-12 的點 A 到點 C 個各點坐標後，求線段 AB 的垂直平分線方程式（第 24 行）、線段 BC 的垂直平分線方程式（第 28 行），將這兩個式子組成聯立方程式求解，便可得到交點坐標（第 32 行）。

```
24. expr1 = perp_bisector((x1, y1), (x2, y2))   # 線段 AB 的垂直平分線方程式
        ⋮
28. expr2 = perp_bisector((x2, y2), (x3, y3))   # 線段 BC 的垂直平分線方程式
        ⋮
32. p = sp.solve([expr1, expr2])                # 垂直平分線的交點 P
```

接著，交點坐標可以由 p[x]、p[y] 取得，只要求出到指定三點其中一點的距離，就可以求出到三點等距的距離，也就是外接圓的半徑（第 36 行）。

```
36. r = dist_p2p((x1, y1), (p[x], p[y]))
```

到這裡，繪圖所需的資訊都已經備齊了。第 40 行之後，就是用 Matplotlib.Pyplot 模組繪製圖形。執行這個程式，就會顯示圖 6-13 的圖形。您可以更改代入第 19 到 21 行的坐標，多嘗試嘗試。

但程式 6-4 無法處理三個點位於同一直線上的情況 [8]，請務必指定可形成三角形的三個點。

[8] 當三個點位於同一直線上，線段 AB 和線段 BC 的垂直平分線平行，因此無法求出交點（外心），會出現錯誤訊息。

圖 6-13　程式 6-4 的執行結果

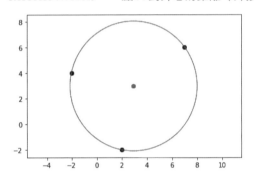

$y = \dfrac{2x}{3} + 1$ ◀────── 線段 **AB** 的垂直平分線方程式

$y = \dfrac{77}{16} - \dfrac{5x}{8}$ ◀────── 線段 **BC** 的垂直平分線方程式

$\left\{ x : \dfrac{183}{62},\ y : \dfrac{92}{31} \right\}$ ◀── 垂直平分線的交點（外心）

5.058065544766189 ◀── 點 **A** 到外心的距離（外接圓的半徑）

專欄 **程式 6-4 的限制**

「我在第 19 行到第 21 行，換了其他點坐標試試，但是卻發生錯誤！」發生這個情況的人，請確認一下，三角形的其中一個邊是不是跟 x 軸平行。比方說，圖 6-14 的情況。

圖 6-14　程式 6-4 發生錯誤訊息的坐標例

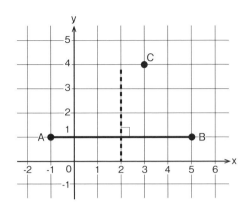

圖 6-14 的線段 AB 與 x 軸平行，而垂直平分線（圖 6-14 的虛線）則是跟 y 軸平行。垂直平分線用式子來表示就是 $x = 2$。因為無法以 $y = ax + b$ 的形式顯示[*9]，因此程式 6-4 的第 10 行會出現錯誤訊息。

當線段於 x 軸平行時，此線段的垂直平分線就會與 y 軸平行。再說明得仔細點，原線段的始點和終點的 y 坐標相等時，線段會與 x 軸平行。這個時候，垂直平分線無法以 $y = ax + b$ 表示，程式 6-4 的第 10 行就會顯示錯誤。像這種情況，只要在程式 6-4 定義的 perp_bisector()（第 7 到第 10 行），追加以 $x = a$ 形式回傳的處理，而非 $y = ax + b$ 形式，無論給定哪三個點，程式都有辦法處理。有興趣的人歡迎嘗試看看。

[*9]　請參考第 2 章的「7 與坐標軸平行的直線」。

Python Tips 用 **Matplotlib** 畫圓

程式 6-4 使用了 Matplotlib.Pyplot 模組的 Circle() 函式畫圓（第 46 行）。

```
46. circle = plt.Circle((p[x], p[y]), r, fill=False, ec='r')
```

使用 Circle() 時，需要的資訊為圓心坐標（p[x]、p[y]）和半徑（r）。程式 6-4 於第 32 行求圓心，第 36 行求半徑。

Circle() 的 fill 選項，可選擇是否塗上顏色。選擇「False」則不塗顏色，ec 選項是框線的顏色。

第 47 行到第 48 行的指令，是用 Circle() 在圓上新增圖軸範圍。

```
47. ax = plt.gca()              # 取得當前的圖軸範圍
48. ax.add_patch(circle)        # 在圖軸範圍新增 circle
```

沒有這兩行，辛苦畫的圓就沒辦法顯示，還請留意。

6 有四個以上的點時

截至目前，我們已知下面兩點：

① 到兩點等距的點有很多個，這些點聚集起來會變成直線。

② 到三點等距的點只有一個 [*10]。

那如果有四個以上的點時，會怎麼樣呢？ [*11] 從圖 6-15 便一目了然。

*10　三個點並非位於同一直線上。
*11　假設四個點中的三個點非位於同一直線上。

圖 6-15　到四點等距的距離⋯

所有的點都在同一個圓上　　　　　　　　假如有一點非位於圓上⋯

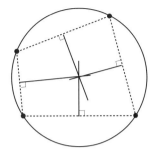
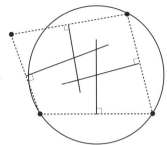

當所有的點都位於圓上時，其圓心到所有的點都等距（圖 6-15 左）。但只要有一個點非位於圓上，就無法找出到四點等距的位置（圖 6-15 右）。如圖 6-15 用四個點所說明的，五個點以上結果也是一樣。

專欄 圓冪定理

當兩弦 [*12] 如圖 6-16 左於圓內相交，或是如圖 6-16 右延伸兩弦於圓外相交，假設其交點（或圓周）所相切的弦長分別為 a、b、c、d，則下式成立：

$$a \times b = c \times d$$

這叫作「圓冪定理」。

圖 6-16　圓冪定理

交點在圓內　　　　　　　　　　　　　　交點在圓外

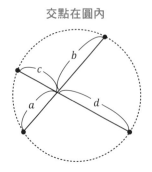
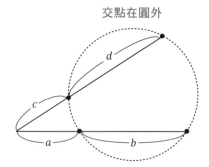

另外，「反圓冪定理」也是成立的。也就是說，$a \times b = c \times d$ 成立的四個點均位於同一個圓上。有興趣的人，可以按照下列順序編寫程式試試看。

① 求兩個連結兩點的直線方程式。

② 求兩直線的交點。

③ 求交點到各點的距離。

④ 求距離的乘積，確認是否相等。

若④的結果，證明圓冪定理成立。接著請參考上一個章節的程式 6-4，按下列順序編寫程式：

⑤ 求各線段的垂直平分線方程式。

⑥ 求兩垂直平分線的交點。

⑦ 求交點到給定一點的距離。

⑥求得的交點為圓心，⑦求得的距離為圓的半徑。有圓心和半徑就可以畫出圓。

---

*12　連結圓上兩點的線段叫作「弦」。

第 **7** 章
顯示多點趨勢的直線

截至第 6 章我們已知，到兩點等距的點聚集起來會變成直線；到三點等距的點只會有一個；當點超過四個以上時，無法求出到所有的點等距的位置。

但就算沒有「百分之百相等」，也應該能找到「近乎相等」。其實，就算有非常多的點，也能找出到各點「近乎」等距的直線。本章就帶大家一起來看看，如何用多筆數據在圖形上作散佈圖，然後在那上頭畫出最接近各點的直線。

1 畫散佈圖

「氣溫上升，果汁買氣旺」、「人高，腳的尺寸也大」、「數學好，物理的成績也佳」……。這些看起來，是不是都讓人覺得「的確是那樣沒錯」呢？這個時候讓我們用「散佈圖」來畫畫看圖形吧。散佈圖可以用數學來說明「好像是那樣」的感覺。

畫散佈圖的方法非常簡單，只要有兩筆資料，讓其中一個變數當橫軸，另一個變數當縱軸，然後在值相交的各個位置上打點。只要重複這個作業即可。雖說如此，人工作業實在有點麻煩。

表 7-1 是某個時期，最高氣溫與果汁銷售量 20 天的調查結果。而程式 7-1 則是使用此資料畫散佈圖的程式。在第 5 行到第 6 行，將氣溫代入串列型態的變數 dx，銷售量代入變數 dy。第 9 行的 scatter() 是於給定位置畫點的指令。執行這個程式，就會顯示圖 7-1 的圖形。

表 7-1　氣溫與果汁銷售量

氣溫 (x)	28	26	28	27	27	20	26	22	23	19	26	23	25	21	20	18	24	19	24	25
銷售量 (y)	111	97	102	105	108	74	116	92	112	88	116	101	93	74	87	71	94	67	105	99

程式 7-1 畫散佈圖

```
1. %matplotlib inline
2. import matplotlib.pyplot as plt
3.
4. # 資料
5. dx = [28, 26, 28, 27, 27, 20, 26, 22, 23, 19, 26, 23, 25, 21, 20, 18,
   24, 19, 24, 25]          # 氣溫
6. dy = [111, 97, 102, 105, 108, 74, 116, 92, 112, 88, 116, 101, 93, 74,
   87, 71, 94, 67, 105, 99] # 銷售量
7.
8. # 畫散佈圖
9. plt.scatter(dx, dy)
10. plt.show()
```

圖 7-1 執行程式 7-1 的結果

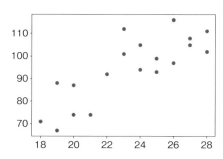

Python Tips 從 CSV 檔案讀取資料

製作散佈圖的原始資料,大多資料龐大,在編寫程式時,要輸入零錯誤還
真不容易。因此本書提供跟範例相同的 CSV 形式檔案,如圖 7-2 所示,歡
迎多加利用。

CSV 檔案是以逗號分隔欄位資料的文字檔,例如,圖 7-2 第一列為最高氣
溫,第二列為銷售量的資料。CSV 檔案的格式很單純,只有資料和逗號,
因此可於多種應用程式匯入匯出。

圖 7-2 score.csv 的內容

```
28, 111
26, 97
28, 102
27, 105
27, 108
20, 74
26, 116
22, 92
23, 112
19, 88
26, 116
23, 101
25, 93
21, 74
20, 87
18, 71
24, 94
19, 67
24, 105
25, 99
```

程式 7-2 是讀取圖 7-2 的檔案 (檔名為 score.csv)的程式。讀取 CSV 檔案時，需使用 CSV 模組的 reader()，編寫程式時別忘了匯入（第 1 行）。此外，存取檔案 score.csv 的儲存位置，基本上跟儲存程式的資料夾是一樣的[*1]。

程式 7-2　讀取 CSV 檔案

```
1.  import csv
2.
3.  # 開啟檔案
4.  f = open('score.csv')
5.
6.  # 從檔案一行一行讀取資料，新增至串列
7.  dx = []
8.  dy = []
9.  for row in csv.reader(f):
10.     dx.append(int(row[0]))        # 第 1 列
11.     dy.append(int(row[1]))        # 第 2 列
12.
```

```
13.  # 關閉檔案
14.  f.close()
15.
16.  print(dx)
17.  print(dy)
```

想從檔案讀取資料，就必須先開啟檔案。這個部分是由第 4 行的 open() 處理。如程式 7-2，只要指定檔名，就能以唯獨模式讀取檔案。

在第 7 行到第 8 行，準備好輸入資料的串列。在那之後，如下程式碼第 9 行，則是從檔案的第一行到最後一行，重複執行「從檔案的第一行開始讀取，並代入變數 row」的指令。

```
for row in csv.reader(f):
```

每讀取一行資料，就會如下將資料代入變數 row：

```
['28', '111']
```

這裡請注意，串列的內容是以引用符號「'」包覆的字串。氣溫和銷售量本來就是數據資料，因此如下第 10 行到第 11 行，是用 int() 將字串轉換為數值，並新增至串列。

```
    dx.append(int(row[0]))
    dy.append(int(row[1]))
```

檔案的讀取結束後，透過第 14 行的 close() 關閉檔案。執行這個程式，就會依據第 16 行和第 17 行的指令，將 dx 和 dy 的內容顯示於畫面上（圖 7-3）。先確認一下，程式是不是正確地讀取了資料。如果沒有問題，就繼續編寫繪製散佈圖的程式吧。

圖 7-3　程式 7-2 的執行結果

```
[28, 26, 28, 27, 27, 20, 26, 22, 23, 19, 26, 23, 25, 21, 20, 18, 24, 19, 24, 25]  ◄────  dx
[111, 97, 102, 105, 108, 74, 116, 92, 112, 88, 116, 101, 93, 74, 87, 71, 94, 67, 105, 99]  ◄────  dy
```

*1　當儲存程式和 CSV 檔案的資料夾位置不同，用 open() 開啟檔案時，請如下指定路徑：「C:
　　￥sample￥score.scv」（作業系統為 MacOS 時「/Users/＊＊＊/Sample/score.csv」。

2 從散佈圖觀察到的現象

畫好散佈圖後，讓我們來看看點整體的散佈狀況。圖 7-4 是前一節所作的散
佈圖，可以看得出來散點由左往右上升。散佈圖的橫軸為最高氣溫，縱軸
為果汁的銷售量，從由左往右上升的圖形可知，兩者的關係是「氣溫越高，
果汁的銷售量越多」。

圖 7-4　正相關的散佈圖

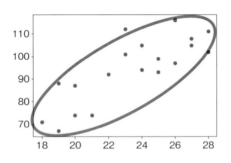

像這樣，若兩個變數之間有關係，稱為「相關」。當一變數增大，另一變數
也隨之增大時，此傾向稱為「正相關」。相反的，當一變數減小，另一變數
也隨之減小時，此傾向稱為「負相關」。而負相關的散佈圖就如圖 7-5 左所
示，散點由左往右下降。圖 7-5 左調查的並非冰涼果汁，而是調查熱飲的銷
售量和最高氣溫間的關係，散佈圖的點看起來是由左往右下降，對吧？

另外，圖 7-5 右的點非常分散，由此可知兩變數之間找不到相關性，此狀態稱為「無相關」。

圖 7-5　散佈圖的形態

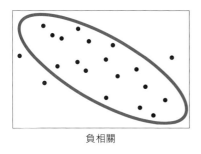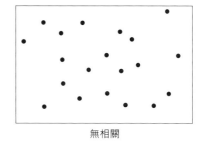

負相關　　　　　　　　　　　　　無相關

Python Tips　**為圖形加上坐標軸**

前面用 Matplotlib 繪製的圖形都沒有顯示坐標軸。想畫出像試算表畫的圖形，標示坐標軸的話，就要使用 Matplotlib.Pyplot 模組的 xlabel() 和 ylabel()。比如，新增下列敘述：

```
plt.xlabel('temperature')
plt.ylabel('juice')
```

就會在圖形上的橫軸（x 軸）增加「temperature」，縱軸（y 軸）增加「juice」的標示（圖 7-6 左）。

圖 7-6　在圖形上新增坐標軸

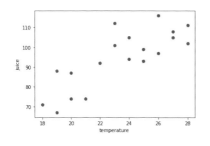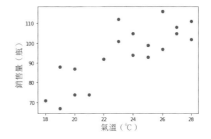

要像圖 7-6 右顯示中文的話，就必須使用內建於 Matplotlib 的 Font_Manager 模組，指定中文字型。程式 7-3 是在 Windows 作業環境下使用「新細明體」的方法。

191

程式 7-3　於坐標軸使用中文字型

```
1. import matplotlib.font_manager as fm
2. fp = fm.FontProperties(fname='C:¥WINDOWS¥Fonts¥mingliu.ttc',
                                                          size=10)
3.
4. plt.xlabel(' 氣溫（℃）', fontproperties=fp)
5. plt.ylabel(' 銷售量（瓶）', fontproperties=fp)
6. plt.scatter(dx, dy)
7. plt.show()
```

第 1 行是匯入 Matplotlib.Font_Manager 模組。為方便呼叫模組內的指令，
這裡幫模組取了個簡稱「fm」。第 2 行是設定中文字型。請指定 fname 選項
的字型檔名，size 選項的字體大小。此外，使用的作業環境不同，可使用的
字型也不同，請按下列順序確認。

■ 使用 Windows 時

在 Windows 檔案總管打開 C:\Windows\Fonts 的資料夾[*2] 後，就會顯示可使
用的字型一覽。在檔案上按一下滑鼠右鍵，選擇選單上的「內容」，就可以
確認字型的檔名，如：「mingliu.ttc」（圖 7-7）。

圖 7-7　確認 Windows 可使用的字型

---

*2　在標準的作業環境下。如果安裝了 C:¥Windows 以外的作業系統，請視情況找出存放字
　　型的資料夾，確認字型檔名。

3 從散佈圖到直線

用表 7-1 的資料畫出來的散佈圖，可以知道氣溫越高，果汁的銷售量越多。看到這裡，應該也很想知道「氣溫上升 10℃，銷售量會增加多少？」或是「氣溫是 30℃ 時，可以賣出多少瓶果汁？」吧。

如果氣溫和果汁銷售量的關係，如圖 7-8 的直線所示，應該就可以做出預測，例如：「氣溫上升 10℃，銷售量會增加 25 瓶」或是「氣溫是 30℃ 時，可以賣出 115 瓶果汁」。

表 7-8　氣溫與果汁銷售量的關係

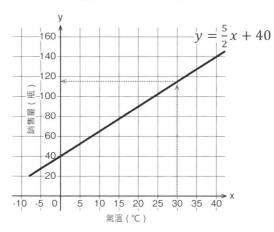

但我們只能說，從圖 7-8 的直線看起來好像是這麼一回事，拿不出有力的數據證明。不過，只要有表示資料分布趨勢的直線，就可以如上做出預測（圖 7-9）。這種直線稱為「迴歸直線」[*3]。

圖 7-9　散佈圖和迴歸直線

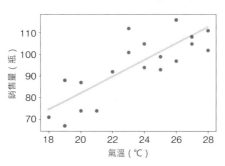

*3　為直線方程式，也稱為「迴歸方程式」。

4 最小平方法

看圖 7-9 就可以知道，迴歸直線是穿越各點間的直線。直線與實際的資料之間一定會出現「偏差」，而這個「偏差」越小，資料分布的趨勢就會越接近直線。而尋找這條直線的方法之一，就是「最小平方法」[*4]。

最小平方法的焦點，就在於實際資料 y 坐標和直線 y 坐標[*5] 的差[*6]，如圖 7-10 虛線所示的部分。這裡如果以直線為基準，會出現正值和負值，只是單純加總「偏差」，是無法掌握整體的「偏差」的。

圖 7-10　實際資料與直線「偏差」

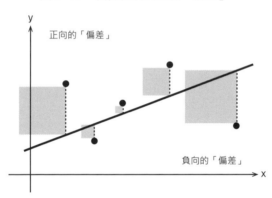

但如果將實際資料與 y 坐標的差平方，誤差的大小全部變成正值，便可進行加總。圖 7-10 試著以面積的方式顯示誤差，灰色的部分為誤差的大小。最小平方法可以幫助我們從正方形面積的總和，找出偏差最小的直線。

「懂是懂了，我也知道圖 7-10 的點是實際資料，但直線呢？是依據什麼畫出來的？」這個問題非常好。

其實，圖 7-10 是隨便畫出來的暫定直線。我們將依據這條直線，找出更準確的直線，所以先隨便找一條暫定的直線即可。我們先來調查，最初的直線和實際資料之間的差的平方和。於第二次稍微修改直線方程式，再次計算差的平方和。然後同樣的，於第三次稍微修改直線方程式，再次計算差的平方和⋯⋯像這樣，每一次的調整都重新計算差的平方和，然後再最小差的平方和的地方畫上直線。不斷增加調整的次數，十次、一百次，但

這樣仍然不夠。反覆數萬次，數十萬次之後，才終於能夠得到準確度較高的結果[7]。

*4　也叫作「最小自乘法」。
*5　直線上的 y 坐標稱為「預測值」。
*6　正確來講，實際資料和預測值的差稱為「殘差」(residual)。
*7　求迴歸直線的方法有表示資料分散程度的「變異數」，以及表示兩個資料相關性的「共變異數」。有興趣的人請自行查查看。

5 分析實際資料與直線的「偏差」

接下來一起來看看程式吧。程式 7-4 是求最初直線和實際資料之間「偏差」的程式。程式的第 2 行到第 3 行，將本章最前頭的表 7-1 的資料，代入串列型態的變數 dx、dy。

程式 7-4　求實際資料和最初直線之間的「偏差」

```
1.  # 資料
2.  dx = [28, 26, 28, 27, 27, 20, 26, 22, 23, 19, 26, 23, 25, 21, 20, 18,
        24, 19, 24, 25]                                    # 氣溫
3.  dy = [111, 97, 102, 105, 108, 74, 116, 92, 112, 88, 116, 101, 93, 74,
        87, 71, 94, 67, 105, 99]                           # 銷售量
4.
5.  # 初始值
6.  a = 0.0             # 直線的斜率
7.  b = 0.0             # 截距
8.
9.  # 差的平方和
10. min_res = 0.0
11. for i in range(20):
12.     y = a * dx[i] + b
13.     min_res += (dy[i]-y)**2
14. print(min_res)
```

第 6 行到第 7 行的變數 a、b，是直線方程式的 $y = ax + b$ 的斜率 a 和截距 b。當兩邊均代入 0.0，直線方程式為 $y = 0$，因此最初的直線為通過原點，與 x 軸平行的直線。

第 10 行的變數 min_res，是代入這條直線和實際資料的「偏差」（差的平方和）的變數。因為是假設的最小值，因此於前頭冠上「min_」。

第 11 行的 for 敘述，重複執行實際資料的數量（此例有 20 個）。重複執行的兩個指令如下：

```
15.      y = a * dx[i] + b
16.      min_res += (dy[i]-y)**2
```

第 12 行則是把第 i 個的實際資料（dx），代入直線方程式（$y = ax + b$）的 x，然後求直線上的 y 坐標[*8]。第 13 行 (dy[i]-y)**2 的意思是，「算出第 i 個的實際資料（dy），與直線上 y 坐標的差，然後平方」（圖 7-11）。將之加進 min_res，求「偏差」的總和。

重複執行結束之後，於第 14 行確認結果。執行程式 7-4，就會如下顯示：

187050.0

此為實際資料和最初直線（$y = 0$）的「偏差」。將這個值減至最小，並求出直線方程式，是本章的目標。

圖 7-11　實際資料和直線上 y 坐標的差的平方

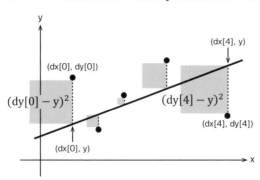

*8　無論代入什麼值，程式 7-4 的 y 必然為 0，但編寫程式時，考量了斜率和直線的初始值可能為 0 以外數值的情況。

我們在第 2 章的最後提到，使用 NumPy 模組的陣列，無須使用 for 迴圈，就可以針對陣列的所有元素進行相同的運算處理。程式 7-4 將實際資料代入了 Python 的串列，將之改為 NumPy 的陣列時，程式碼就會變成如程式 7-5。

程式 7-5　利用 **NumPy** 的陣列

```
1.  import numpy as np
2.
3.  # 資料
4.  dx = np.array([28, 26, 28, 27, 27, 20, 26, 22, 23, 19, 26, 23, 25,
                   21, 20, 18, 24, 19, 24, 25])           # 氣溫
5.  dy = np.array([111, 97, 102, 105, 108, 74, 116, 92, 112, 88, 116,
                   101, 93, 74, 87, 71, 94, 67, 105, 99])  # 銷售量
6.
7.  # 初始值
8.  a = 0.0            # 直線的斜率
9.  b = 0.0            # 截距
10.
11. # 差的平方和
12. y = a * dx + b                    # 直線上的 y 坐標
13. min_res = np.sum((dy-y)**2)       # 實際資料和 y 坐標的差的平方和
14. print(min_res)
```

在下一節，將以實際資料代入 Python 串列型態的變數為前提進行說明。執行程式 7-5，dx、dy 的內容就會被取代，之後再執行程式時，必須在那之前再次執行程式 7-4。

6 利用亂數

圖 7-12 左，在 $y = 0$ 的直線上加上了散佈圖。從執行程式 7-4 的結果可知，直線和實際資料的「偏差」總和為「187050.0」。這個值會越來越小，最後會變成圖 7-12 右的直線，求出這條直線的斜率 a 和截距 b 是下一步。

圖 7-12 最初的直線和理想的直線

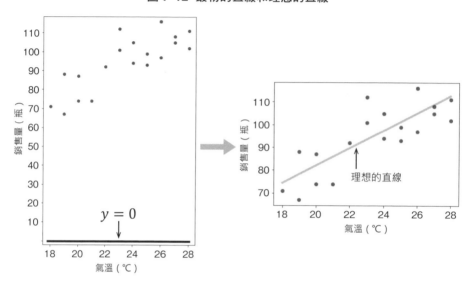

程式 7-4 把 0.0 都代入了直線的斜率 a 和截距 b。只要稍微改變這兩個值，「偏差」應該就會跟著改變，但問題在於，這兩個值要改變多少。為了找出理想的直線，必須不斷重複地進行求「偏差」的作業，但如果每次改變直線的斜率和截距的幅度都差不多，「偏差」的變化程度也會差不多。比方說，表 7-2 是調查截距維持 0 不變，斜率按 0.1 的幅度改變，所得到的差的平方和的變化。偏差的值的確越來越小，但好像沒有太大的變化。比起一點一點慢慢來，代入各種不同的值測試，應該可以更有效率地縮小「偏差」。這個時候就利用亂數吧。

表 7-2　斜率和「偏差」的變化

a	b	直線方程式	差的平方和
0	0	$y = 0$	187050
0.1	0	$y = 0.1x$	178009.85
0.2	0	$y = 0.2x$	169195.4
0.3	0	$y = 0.3x$	160606.65
0.4	0	$y = 0.4x$	152243.6
0.5	0	$y = 0.5x$	144106.25

亂數是在某個範圍中「隨機」選出的數值。在 Python 使用 Random 模組的 random()，可以產生 0.0 到未滿 1.0 的亂數。請執行下面的指令看看。

```
In [1] :   import random
           for i in range(5):
               print(random.random())    # 0.0 到未滿 1.0 的亂數

           0.7968960165934347
           0.3078524431752656
           0.31078318179211384
           0.48901803773163965
           0.41215255634864456
```

執行指令後，顯示上面五個數值，各位執行後應該會顯示不一樣的數值。再執行一次，就會得到不同的數值。像這樣，每次執行 random()，可以得到各種不同的數值。

那是不是可以直接用這些數值，更新直線的斜率和截距呢？答案是「不行」。因為 random() 只能回傳正值。直接代入，直線的斜率只會漸漸由左往右上升。想要把極為陡峭的直線導正回來，就必須使用負值。

接著，請試著執行下面的指令。將 random() 的回傳值減掉 0.5，就可以產生 -0.5 到未滿 0.5 的亂數。

```
In [2] :  for i in range(5):
              print(random.random()-0.5)   # -0.5到未滿 0.5的亂數


      0.34490504302450375
      0.001960430655914447
      -0.3304985190613935
      -0.2996742033834163
      0.2874511479930717
```

「好，可以來更新直線的斜率和截距了！」很想這樣做，但還有其他問題要解決。表 7-3 顯示了截距維持 5.5 不變，斜率按 0.1 單位改變，差的平方和的變化。斜率為 3.8 之前，不斷減少，但是到了 3.9 之後又開始增加。

表 7-3　斜率的變化和「偏差」的變化

a	b	直線方程式	差的平方和
3.6	5.5	$y = 3.6x + 5.5$	2020.2
3.7	5.5	$y = 3.7x + 5.5$	1623.35
3.8	5.5	$y = 3.8x + 5.5$	1452.2
3.9	5.5	$y = 3.9x + 5.5$	1506.75
4	5.5	$y = 4.0x + 5.5$	1787
4.1	5.5	$y = 4.1x + 5.5$	2292.95

原因在於直線變化過大。換句話說，也就是斜率的變化太大。請再回頭看一下本節最前面的圖 7-12。由圖可知，如果如圖 7-12 左那樣，實際資料和直線距離遙遠，就算直線的變化大，「偏差」也能逐漸減少。而越接近圖 7-12 右，則越需要進行微調。

執行下面的指令，便可以隨機產生極小的值。將 random() 的回傳值減掉 0.5，再乘上 0.001，就可以得到 -0.0005 到未滿 0.0005 的值。使用這個值來更新直線的斜率和截距吧。

```
In [3] :  for i in range(5):
              print((random.random()-0.5)*0.001)   # -0.0005 到未滿 0.0005 的亂數
```

-0.000379927087765234

-0.00027625955291004603

5.4577199615013175e-05

-0.0004549918199143497

0.0003524624362109136

執行這個指令，就會得到從上頭數來第三個，值的最後為「e-05」的數值。
這個稱為「指數記號」，是便於標示極小值的方法。e-01 記為 10^{-1}（=0.1）、
e-02 為 10^{-2}（ = 0.01），e-05 則為 10^{-5}（ = 0.00001）。換句話說，上面第
三個值跟 0.00005457719……是一樣的。

7 使用亂數找出迴歸直線

想要找出與實際資料之間最小「偏差」的直線，就必須重複執行以下步驟：

① 使用亂數，決定斜率和截距的更新量。

② 用新的直線方程式，求出與實際資料間的「偏差」（差的平方和）。

③ 當求出的「偏差」，比假定的最小值還小時，就更新假定最小值的斜
率和截距。

圖 7-13 為上述處理的流程圖，程式 7-6 則為此處理流程的程式。另外，程
式 7-6 是以串列型態的變數 dx 和 dy 代入實際資料，完成實際資料與最初直
線的「偏差」的運算為前提。所以在執行程式之前，請先執行程式 7-4。

圖 7-13　求最小偏差直線的流程圖

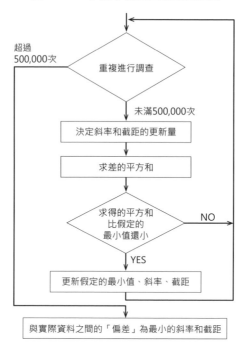

程式 7-6　使用亂數，求直線的斜率和截距

```
1.  import random
2.
3.  for i in range(500000):
4.      # 決定斜率和截距的更新量
5.      wa = (random.random() - 0.5) * 0.001
6.      wb = (random.random() - 0.5) * 0.001
7.
8.      # 差平方和
9.      res = 0
10.     for j in range(20):
11.         y = (a + wa) * dx[j] + (b + wb)
12.         res += (dy[j] - y)**2
13.
14.     # 更新值
15.     if res < min_res:
16.         min_res = res                    # 假定的最小值
```

```
17.        a = a + wa                    # 斜率
18.        b = b + wb                    # 截距
19.  print(a, b, min_res)
```

第 3 行將重複次數設為 500,000 次。大家可能會覺得「什麼，這麼多次！」但斜率和截距每次的更新單位量都是 -0.0005 到 0.0005 的極小值，重複次數太少，在找到與實際資料之間最小的「偏差」前就會結束運算了。這樣無法找出正確表現資料分布趨勢的直線。第 4 行到第 18 行是重複 500,000 次的處理。我們來仔細看看吧。

第 5 行到第 6 行，將 -0.0005 到未滿 0.0005 的亂數代入 wa 和 wb。這些值將於微幅更新直線的斜率和截距時使用（第 11 行）。

第 9 行到第 12 行是求實際資料（dy）和直線上 y 坐標之間的差的平方和。這裡的內容跟程式 7-4 相同，但請留意求直線上 y 坐標的式子（第 11 行）。

```
y = (a + wa) * dx[j] + (b + wb)
```

這個式子的重點在於，在當下的直線斜率和截距，加上亂數產生的值（wa 和 wb）之後，進行運算。這樣便能夠計算出新直線與實際資料之間的「偏差」。

第 15 行的 if 是執行條件判斷的指令：

```
if res < min_res:
```

其意思是「若 res 的值比 min_res 小，便執行區塊裡指令（程式 7-6 的第 16 行到第 18 行）」。res 為第 10 行到第 12 行求得的資料與新直線之間的「偏差」，min_res 則代入程式 7-4 資料與最初直線之間的「偏差」，因此能夠比較兩者的大小。而且當新直線的「偏差」較小時，此「偏差」值就會取代假定的最小值，直線的斜率和截距也會更新成新直線的值（第 16 到第 18 行）。如此便可以求得比最初「偏差」還小的直線斜率和截距。此斜率和截距便成為與新的直線方程式比較時的基準。

重複執行上述指令，變數 a 和 b，在 500,000 次的運算中，就會變成與實際資料之間「偏差」為最小的直線斜率和截距。執行看看程式吧。因為是使用亂數，因此每次都會有微幅的變化，執行後顯示的值應該接近下列：

```
3.821715487173384   5.598600141678361   1444.667012179322
```

這三個值由左到右分別是斜率、截距和差的平方和。

8 應用於預測迴歸直線

執行程式 7-6 的結果，可知最接近表 7-4 資料分布趨勢的直線斜率為「3.821715487173384」、截距為「5.598600141678361」。程式 7-7 是在散佈圖上加上直線的程式。另外，這個程式是以將散佈圖使用的資料代入串列型態的變數 dx 和 dy，將程式 7-6 求得的斜率和截距代入變數 a 和 b 為前提。所以在執行程式之前，請先執行程式 7-4 和程式 7-6。

表 7-4　氣溫與果汁銷售量（同前表 7-1）

氣溫 (x)	28	26	28	27	27	20	26	22	23	19	26	23	25	21	20	18	24	19	24	25
銷售量 (y)	111	97	102	105	108	74	116	92	112	88	116	101	93	74	87	71	94	67	105	99

程式 7-7　在散佈圖上加上迴歸直線

```
1.  %matplotlib inline
2.  import matplotlib.pyplot as plt
3.  import numpy as np
4.  import matplotlib.font_manager as fm
5.  fp = fm.FontProperties(fname='C:¥WINDOWS¥Fonts¥msgothic.ttc', size=10)
6.
7.  # 迴歸直線
8.  def func(x):
9.      return a * x + b        # y=ax+b
10.
11. # 直線用的資料
```

```
12.  x = np.arange(18, 30)
13.  y = func(x)
14.
15.  # 顯示
16.  plt.scatter(dx, dy)       # 散佈圖
17.  plt.plot(x, y)            # 迴歸直線
18.  plt.xlabel('氣溫（℃）', fontproperties=fp)
19.  plt.ylabel('銷售量（瓶）', fontproperties=fp)
20.  plt.show()
```

圖 7-14 是程式 7-7 的執行結果。在程式 7-4，以 $y = 0$ 直線為基準，計算最初的偏差值，接著在程式 7-6 調整 500,000 次斜率和截距後，便可找出正確表現資料分布趨勢的直線。

圖 **7-14** 執行程式 **7-7** 的結果

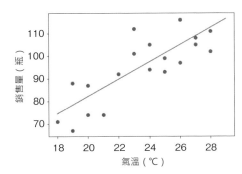

但求迴歸直線方程式並不是最終目標。利用這個式子，分析並預測數值[*9] 才是本來的目的。執行程式 7-7 後，請試著用新的 cell 執行看看下面的指令。

```
In [12] :     y = func(35)
              y
```

```
Out [12] :    139.35864776529326
```

如上，可以預測「最高氣溫為 35 度的日子，大約可以賣出 140 瓶果汁」。

樣本使用的資料大多是由左往右上升散佈，但有時也會出現如圖 7-15 明顯偏離群體的點。這叫作「離群值」。發現離群值時，請再確認一次資料。若原因是資料輸入錯誤，只要修改資料，就可以提升迴歸直線的準確度。

圖 7-15　出現離群值的散佈圖

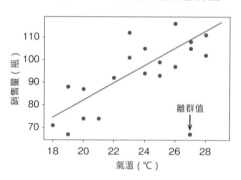

若圖 7-15 的離群值並非輸入錯誤，而是正確數值時，有可能是受到突如其來的雷陣雨、果汁缺貨等因素影響銷售量。請考量這些因素，思考一下是否要刪除離群值。因為離群值越少，迴歸直線越準確。

*9　這叫作「迴歸分析」。

按程式 7-4、程式 7-6 的順序執行程式,得到了迴歸直線方程式,但不曉得到底正不正確,是不是覺得有點不踏實?Microsoft Excel 具有標示圖表趨勢線的功能,讓我們利用這個功能,確認看看會出現什麼樣的直線方程式吧。

如圖 7-16,在 A 列輸入最高氣溫,B 列輸入果汁的銷售量後,選取輸入的資料[*10],選擇「插入」索引標籤中,「圖表」區塊的「散佈圖」,在分頁裡插入散佈圖。接著,在散佈圖上的一點上按右鍵,選擇「加上趨勢線」,散佈圖上就會顯示迴歸直線。另外,請於「趨勢線格式」的子視窗勾選「在圖表上顯示方程式」。這樣便可以確認 Excel 計算出來的迴歸直線方程式(圖 7-16)。直線方程式為「$y = 3.8217x + 5.5986$」,斜率和截距的值也幾乎相同。

圖 7-16　用 Excel 確認迴歸直線方程式

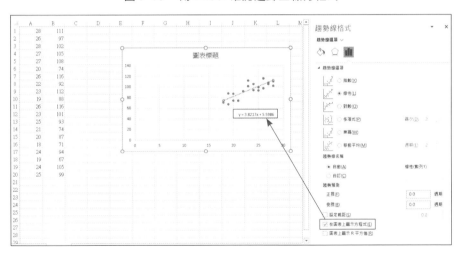

---

*10　只要點選輸入資料的其中一個儲存格,就可以畫出圖表。

9 更有效率地找出直線方程式

本章介紹了使用最小平方法，求迴歸直線的方法。另外，我們也使用亂數，重複求值，最後得到了理想的答案。在前一節的程式 7-6，為了求出最接近趨勢的直線，重複執行了 500,000 次，次數驚人，因此這裡將為各位介紹更有效率地更新斜率和截距的方法。

圖 7-17 左是最初的直線，圖 7-17 右是理想的直線。在本章的「6. 利用亂數」也有稍微提到，當實際資料與直線的「偏差」，如圖 7-17 左那樣相當大的時候，大幅改變斜率和截距也沒有問題。直線變化大反而更好，因為可以加快找出理想直線的速度。但每次直線的變化都很劇烈的話，可能會發生無法找出接近理想直線的情況。因此，當直線接近圖 7-17 左的時候，應該以大幅更新斜率和截距的單位量，然後逐漸降低更新量的方式為佳。

圖 7-17 最初的直線和理想的直線（同前圖 7-12）

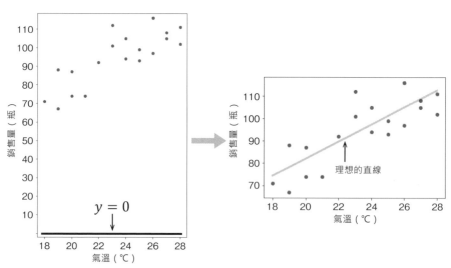

程式 7-8 是程式 7-6 的改良版。依據重複執行的次數，將亂數的範圍分為「-0.5 ～ 0.5」、「-0.005 ～ 0.005」、「-0.0005 ～ 0.0005」三個階段。總重複次數為 100,000 次（第 1 行），是程式 7-6 的五分之一。執行程式後，應該可以感覺到運算時間的差異。

另外，為了讓斜率、截距和「偏差」的最小值回到初始值，請先執行程式 7-4，再執行程式 7-8。

程式 7-8　使用亂數，求直線的斜率和截距（程式 7-6 的改良版）

```
1.  for i in range(100000):
2.      # 決定斜率和截距的更新量
3.      if i < 10000:
4.          wa = random.random() - 0.5
5.          wb = random.random() - 0.5
6.      elif i < 30000:
7.          wa = (random.random() - 0.5) * 0.01
8.          wb = (random.random() - 0.5) * 0.01
9.      else:
10.         wa = (random.random() - 0.5) * 0.001
11.         wb = (random.random() - 0.5) * 0.001
12.
13.     # 差的平方和
14.     res = 0
15.     for j in range(20):
16.         y = (a + wa) * dx[j] + (b + wb)
17.         res += (dy[j] - y)**2
18.
19.     # 更新值
20.     if res < min_res:
21.         min_res = res          # 假定的最小值
22.         a = a + wa             # 斜率
23.         b = b + wb             # 截距
24. print(a, b, min_res)
```

10 使用實際資料，決定第一條直線

若第一條直線就設定於接近實際資料的位置，應該可以更有效率地求出迴歸直線。圖 7-18 的直線，通過了表 7-5 的第一個點和最後一個點。從這條直線開始運算，會比 $y = 0$ 的直線還要有效率。

圖 7-18　通過實際資料上兩點的直線

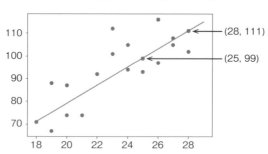

通過兩點的直線方程式 [11] 可由下式求出：

$$y = \frac{y_2 - y_1}{x_2 - x_1}(x - x_1) + y_1 \quad (x_1 \neq x_2) \quad\text{—— 第 3 章的公式}❹（同前式）$$

程式 7-9 是代入表 7-5 最前頭和最後頭的資料，求圖 7-18 直線方程式的程式。SymPy 模組的使用方式，請參考第 3 章的「2 利用 SymPy 做運算」。

*11　請參考第 3 章的「4 通過兩點的直線方程式」。

表 7-5　氣溫與果汁銷售量（同前表 7-1）

氣溫 (x)	28	26	28	27	27	20	26	22	23	19	26	23	25	21	20	18	24	19	24	25
銷售量 (y)	111	97	102	105	108	74	116	92	112	88	116	101	93	74	87	71	94	67	105	99

程式 7-9 通過點 (28, 111) 和 (25, 99) 的直線方程式

```
1. import sympy as sp
2. sp.init_printing()
3.
4. x, y = sp.symbols('x, y')        # 定義符號
5. x1 = 28; y1 = 111                # 第一筆資料
6. x2 = 25; y2 = 99                 # 最後一筆資料
7. y = ((y2-y1)/(x2-x1))*(x-x1)+y1  # 2 通過兩點的直線方程式
8. y
```

執行程式 7-9，可知通過 (28, 111) 和 (25, 99) 的直線方程式如下：

$$4.0x - 1.0$$

程式 7-10 是以此直線的斜率和截距作為最初的直線，求迴歸直線的程式。重複次數設為 200,000 次。執行這個程式，就會顯示幾乎與程式 7-6 結果相等的值。

程式 7-10 改變最初直線的位置（程式 7-6 改良版）

```
1.  # 資料
2.  dx = [28, 26, 28, 27, 27, 20, 26, 22, 23, 19, 26, 23, 25, 21, 20, 18,
         24, 19, 24, 25]                                        # 氣溫
3.  dy = [111, 97, 102, 105, 108, 74, 116, 92, 112, 88, 116, 101, 93, 74,
         87, 71, 94, 67, 105, 99]                               # 銷售量
4.
5.  # 初始值
6.  a = 4.0              # 直線的斜率
7.  b = -1.0             # 截距
8.
9.  # 與最初直線之間的偏差
10. min_res = 0.0
11. for i in range(20):
12.     y = a * dx[i] + b
13.     min_res += (dy[i]-y)**2
14. print(' 偏差的初始值：{0}'.format(min_res))
15.
```

```
16.  # 求迴歸直線
17.  for i in range(200000):
18.      # 決定斜率和截距的更新量
19.      wa = (random.random() - 0.5) * 0.001
20.      wb = (random.random() - 0.5) * 0.001
21.
22.      # 差的平方和
23.      res = 0
24.      for j in range(20):
25.          y = (a + wa) * dx[j] + (b + wb)
26.          res += (dy[j] - y)**2
27.
28.      # 更新值
29.      if res < min_res:
30.          min_res = res            # 假定的最小值
31.          a = a + wa               # 斜率
32.          b = b + wb               # 截距
33.  print('a: {0}, b: {1}, min_res: {2}'.format(a, b, min_res))
```

程式 7-6 為執行 500,000 次，程式 7-10 則是執行 200,000 次。覺得「一點效率也沒有」的人，請務必挑戰看看程式 7-8 和程式 7-10 的組合。將最初的實現設定於接近實際資料的地方，然後階段性地改變斜率和截距的更新量，順利的話，只要 50,000 次左右，就可以準確地求出迴歸直線。

<hr>

Python Tips 於變數的值置入字串後輸出

執行程式 7-10，就會如下顯示數值。第 1 行是與最初直線之間的「偏差」（差的平方和），第 2 行的三個數值由左到右，分別是斜率、截距，最後是「偏差」。這些與前面輸出於畫面的值有什麼不同呢？

```
偏差的初始值：1566.0
a: 3.821714635259146, b: 5.59861761687522, min_res: 1444.6670121796044
```

之前畫面都只顯示變數的內容，而這裡則是顯示說明數值內容的字串，例如：「偏差的初始值：」、「a:」。像這樣，想將變數的值置入字串當中，就必須如下指定 print() 的引數。

```
print(' 偏差的初始值：{0}'.format(min_res))
```

重點有兩個。首先，輸出至畫面的字串，必須以引用符號「'」包起來。接著，在輸出變數值的位置插入 {0}。用 format() 的引數指定置入 {0} 的值。置入多個值時，請如下指定數值：

```
print('a: {0}, b: {1}, min_res: {2}'.format(a, b, min_res))
```

當 {} 的數量少於 format() 指定的變數量時，會發生錯誤訊息，還請留意。

[11] 使用 NumPy 求迴歸直線

最後，為各位介紹一個更簡單的方式來求迴歸直線。這個方法就是利用 NumPy 模組的 polyfit()[*12]。執行程式 7-11：

```
a: 3.8217154703291016, b:5.59860067374965
```

就會如上顯示數值，此與使用亂數求得的迴歸直線斜率、截距近乎相等。

程式 7-11　使用 NumPy 求回歸直線

```
1. import numpy as np
2.
3. # 資料
```

```
4. dx = np.array([28, 26, 28, 27, 27, 20, 26, 22, 23, 19, 26, 23, 25,
                21, 20, 18, 24, 19, 24, 25])                    # 氣溫
5. dy = np.array([111, 97, 102, 105, 108, 74, 116, 92, 112, 88, 116,
                101, 93, 74, 87, 71, 94, 67, 105, 99])          # 銷售量
6.
7. # 求迴歸直線
8. a, b = np.polyfit(dx, dy, 1)
9. print('a: {0}, b:{1}'.format(a, b))
```

*12　polyfit() 第三個引數是回歸方程式的次數。這次是求直線，所以次數為「1」。另外，關
　　於方程式的次數，請參考第 8 章「1.2　一次函數與直線方程式」的專欄。

||||||||||||||||||||||||||||||||||||||||||||||||||||||||||||||||||||||||||||||||||||||||||||||||||||||||||||

專欄 模擬退火法

無論是使用 polyfit()，還是使用亂數，都可以求出迴歸直線。這裡的重點是
「使用亂數，重複求值並修正，最終可以導出理想的答案（最佳解）」。這個
方法稱為「模擬退火法」（Simulated Annealing，簡稱：SA）。

使用亂數的方法，也是當前熱門的機械學習和資料科學領域核心的重要手
法，請大家記在心上。

||||||||||||||||||||||||||||||||||||||||||||||||||||||||||||||||||||||||||||||||||||||||||||||||||||||||||||

||||||||||||||||||||||||||||||||||||||||||||||||||||||||||||||||||||||||||||||||||||||||||||||||||||||||||||

Python Tips NumPy 的陣列

使用定義於 NumPy 模組的指令時，必須將資料代入 NumPy 的陣列
（ndarray）。在程式 7-11 的第 4 行到第 5 行，將值代入 dx 和 dy 時，如下使
用了 NumPy 模組的 array()：

```
dx = np.array([28, 26, 28, 27, 27, 20, 26, 22, 23, 19, 26, 23, 25, 21,
            20, 18, 24, 19, 24, 25])
dy = np.array([111, 97, 102, 105, 108, 74, 116, 92, 112, 88, 116, 101,
            93, 74, 87, 71, 94, 67, 105, 99])
```

如此便能從 Python 串列產生 NumPy 的陣列。

||||||||||||||||||||||||||||||||||||||||||||||||||||||||||||||||||||||||||||||||||||||||||||||||||||||||||||

第 8 章
邁向機械學習的道路——
今後可精進的領域

從第 2 章到第 7 章，我們看了許多直線方程式。但本書談及的數學主題內容非常有限，有些人可能會覺得美中不足，或是不知道接下來該怎麼辦。因此，最後一章將回顧前面的內容，並為各位提供下一步的線索。內容可能有點難，但只要能在各位的腦中留下點印象就夠了。點連成線的日子，總有一天會到來。

1 再複習一次什麼是函數

在第 2 章討論比例式的時候，談到「$y = ax$ （$a \neq 0$），給定 x 為某一個值，就可以決定 y 的值，因此我們也可以說『y 是 x 的函數』」。讓我們再一次詳細看看函數。

1.1 $y = f(x)$

圖 8-1 是表示函數結構的圖示。意思大概就是，依據某種規則改變 x 值，便可求出 y 值。一般會取函數英文 function 的首字母，如下用數學式來表示函數：

$$y = f(x) \quad \text{—— 公式 \textcircled{1}}$$

無論 $f(x)$ 為何種函數，之後 y 都以 $y = f(x)$ 為前提進行說明。

圖 8-1　函數的概念圖

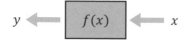

函數基本上就是，依循著「某種規則」的數學式。比方說，$f(x) = 2x + 3$，如表 8-1 所示，一定會有對應 x 的 y 值。這個時候，$f(1)$ 的意思就是「x 為 1 時的值」，答案為 5。

表 8-1　$f(x) = 2x + 3$

x	-3	-2	-1	0	1	2	3
y	-3	-1	1	3	5	7	9

程式 8-1 將上述內容編寫為程式。這裡再重複說明一次，函數就是，讓輸入值 x，依據某種規則進行轉換，結果恰好有一個 y 值與之對應。如圖 8-2，上述對應關係可以用坐標平面上的點來表示。

程式 8-1　$f(x) = 2x + 3$ 的圖形

```
1. %matplotlib inline
2. import matplotlib.pyplot as plt
3. import numpy as np
4.
5. # 定義函數
6. def f(x):
7.     return 2*x + 3                    # f(x) = 2x + 3
8.
9. # x 坐標、y 坐標
10. x = np.arange(-3, 4)                  # x 的範圍（-3 ～ 3）
11. y = f(x)                             # y = f(x)
12.
13. # 圖形
14. plt.plot(x, y, "o")                   # 繪製點
15. plt.grid(color='0.8')                # 繪製網格
16. plt.show()
```

圖 8-2　執行程式 8-1 的結果

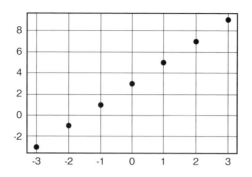

Python Tips 畫更多的點

程式 8-1 的第 10 行，利用 NumPy 模組的 arange()，將值 [-3, -2, -1, 0, 1, 2, 3]
代入了陣列 x。表 8-1 也將輸入值 x 化為整數，但指定給函數的值並不限定
於整數。

若如下編寫程式 8-1 的第 10 行：

```
10     x = np.arange(-3, 4, 0.5)      # x 的範圍（-3～4，以 0.5 為單位）
```

arange() 會於 -3 到 4 的範圍，以 0.5 為單位產生連續的數值，將 [3.0, -2.5,
-2.0, -1.5, ……, 2.0, 2.5, 3.0, 3.5] 代入陣列 x 中。圖 8-3 是使用這個值，計
算 y 值，繪製成圖形的樣子。比起圖 8-2，圖 8-3 點的間隔變得更小了。將
arange() 第 3 個引數改為 0.2 或 0.1，可以畫出間隔更小的點。再縮小點的
間隔，最後畫出來的東西看起來會像是一條直線，請您也試試看。

圖 8-3　以 0.5 為單位指定 x 值時

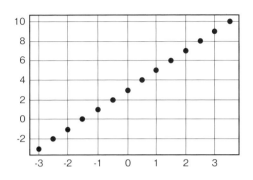

1.2　一次函數與直線方程式

如 $y = 2x + 3$ 這個表示 x 和 y 關係的式子，用 x 的一次方程式來表示時，我們可以說「y 是 x 的一次函數」。用一般式來表示就是：

$$y = ax + b \quad (a \neq 0)$$

此外，一次函數的圖形畫出來，會是如圖 8-4 的直線，因此也稱為「直線方程式」。

圖 8-4　$y = 2x + 3$ 的圖形

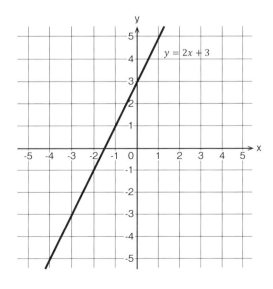

一次函數的圖形是直線，但反過來未必成立。換句話說，「直線方程式未必就是一次函數」。比方說，如圖 8-5，$y = 3$ 或 $x = 2$ 的圖形是直線，但 $x = 2$ 不是一次函數。$y = ax + b$ 且 $a = 0$、$b = 3$ 時，無論 x 值為多少，y 值永遠是 3，也就是 $y = 3$。像這種 y 值為常數的函數，稱為「常數函數」。

圖 8-5　$y = 3$ 和 $x = 2$ 的直線

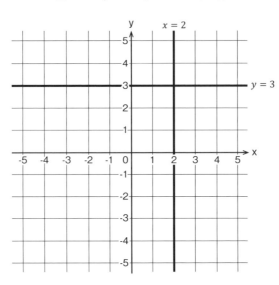

讓我們再看一下這兩個式子。現在你應該可以理解，為什麼一次函數的方程式會備註「$a \neq 0$」了吧。

一次函數……$y = ax + b$　（$a \neq 0$）　—— 公式❷

直線方程式……$y = ax + b$　—— 公式❸

專欄 方程式的次數

$2a - 1$ 或 $a + b^2$ 中，以＋或－區隔的 $2a$、-1、a、b^2 稱為「項」，各項當中文字符號相乘的數量稱為「次數」。當式子為多項式，最高次項的次數為此多項式的次數。比方說，$2a - 1$ 為一次方程式，$a + b^2$ 為二次方程式。

另外，以「x的〇次方程式」的方式表示時，請注意代數項的次數，例如：$ax + b$ 為 x 的一次方程式，$ax^2 + bx + c$ 為 x 的二次方程式，$ax^3 + bx^2$ 為 x 的三次方程式。

1.3 函數與圖形

函數就是，只要決定好 x 值，就會恰有一個對應的 y 值。本書只關注了直線，以一次函數為主題，但除了一次函數以外，數學的函數還有很多種。詳細我們之後有機會再做說明，這裡來看看各種不同的函數圖形。

■ 比例式

第 2 章也稍微提過，比例式指的是當 x 值變成 2 倍、3 倍時，y 值也會變成 2 倍、3 倍的關係[*1]。用方程式來表示如下：

$$y = ax \quad (a \neq 0) \quad —— \text{公式 ❹}$$

這個式子跟一次函數 $y = ax + b$（$a \neq 0$），$b = 0$ 時是一樣的。

也就是說，比例式是一次函數的特殊情況，圖形一定為通過原點的直線（圖 8-6）。

圖 8-6　$y = 2x$ 的圖形

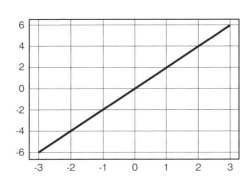

---

*1　這種關係稱為「正比」。

程式 8-2 是繪製圖 8-6 圖形的程式。只要改變函數的定義（第 6 行到第 7 行），視情況設定 x 輸入值的範圍（第 10 行），就可以畫出後面介紹的所有圖形。就像是直線方程式的斜率為 $a < 0$ 時，直線為由左往右下降，不同的函數只要改變符號，圖形就會有所變化。有興趣的人歡迎多多嘗試。

程式 8-2　$y = 2x$ 的圖形

```
1. %matplotlib inline
2. import matplotlib.pyplot as plt
3. import numpy as np
4.
5. # 定義函數
6. def func_prop(x):
7.     return 2*x      # y = 2x
8.
9. # x 坐標、y 坐標
10. x = np.arange(-3, 4)
11. y = func_prop(x)
12.
13. # 繪製圖形
14. plt.plot(x, y)
15. plt.grid(color='0.8')
16. plt.show()
```

■ 反比

一個人要花 12 個小時的作業，兩個人分擔只要 6 個小時，三個人只要 4 個小時就可以做完。這種兩個變化的量的乘積，為固定值的關係，稱為「反比」。用方程式來表示如下：

$$y = \frac{a}{x} \quad \text{—— 公式 \textbf{⑤}}$$

看到這個式子，您可能會覺得「這也是一次函數嘛」，但成反比的式子不是一次函數。

表 8-2 是 $f(x) = \frac{12}{x}$ 時，對應 x 的 y 值。因為 0 不可以當除數 [*2]，因此沒有對應 $x = 0$ 的值。當 x 的範圍如表 8-2 所示，可以畫出如圖 8-7 的曲線圖形，這叫作「雙曲線」。

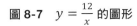

表 **8-2** $f(x) = \frac{12}{x}$

x	-6	-5	-4	-3	-2	-1	0	1	2	3	4	5	6
y	-2	-2.4	-3	-4	-6	-12	-	12	6	4	3	2.4	2

圖 **8-7** $y = \frac{12}{x}$ 的圖形

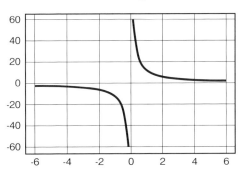

*2　$10 \div 1 = 10$、$10 \div 0.1 = 100$、$10 \div 0.01=1000$、$10 \div 0.001=10000$……除數越接近 0，商的值越大。除數越趨近 0，商會趨近無限大，因此 0 不可以作為除數。除此之外，還有其他各種原因，都指出 0 不可以作為除數。

■ 二次函數

二次函數是以 x 的二次方程式來表示 y 值的函數。圖形就像是圖 8-8 所示為拋物線。

$$y = ax^2 + bx + c \quad (a \neq 0) \quad \text{—— 式 \textbf{⑥}}$$

圖 8-8　$y = x^2 + 3$ 的圖形

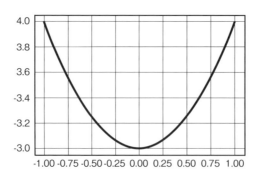

■ 三次函數

三次函數是以 x 的三次方程式來表示 y 值的函數。圖形就像是圖 8-9 所示為曲線。

$$y = ax^3 + bx^2 + cx + d \quad (a \neq 0) \quad —— 公式❼$$

圖 8-9　$y = x^3 - \frac{1}{2}x$ 的圖形

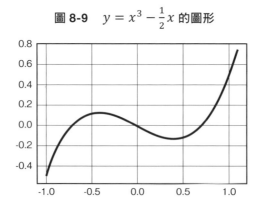

■ 指數函數

你有沒有聽過「指數型成長」這種說法呢？一個細胞分裂成 2 個，然後這 2 個細胞分別分裂成 4 個，然後又分別分裂成 8 個……像這樣不停地重複，重複分裂 10 次會變成 1,024 個，分裂 20 次會變成 1,048,576 個。像這種短時間內爆發性的成長 [*3] 為指數函數的特徵。有些人看圖 8-10，可能會覺得

「哪裡有爆發性的成長？」但是請仔細看看圖形的刻度。橫軸和縱軸的值差非常多。

圖 8-10 　$y = 2^x$ 的圖形

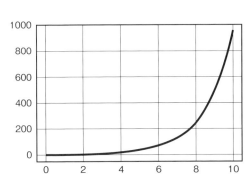

指數函數可以用下式表示：

$$y = a^x \quad (a > 0 \cdot a \neq 1) \quad \text{——} \text{公式} ❽$$

另外，這個式子的 a 為指數函數的底數。

*3 $y = a^x$，$0 < a < 1$ 時，當 x 值增加，y 值會隨之減少。

■ 對數函數

指數函數 $y = a^x$ 代表「a 的 x 次方會是多少」。比方說，2 的三次方，$2^3 = 8$ 是 8。對數的表現方式剛好相反，以 $\log_2 8$ 來表示「2 的幾次方會是 8」。這個例子為三次方，所以是 $\log_2 8 = 3$。從與指數函數的成對關係來看，會覺得對數函數的式子應該是 $x = \log_a y$，但數學一般會以 x 作為輸入值，y 作為輸出值，因此式子如下。另外，a 為對數函數的底數，x 叫作真數，x 的定義域為 $x > 0$。

$$y = \log_a x \quad (a > 0 \cdot a \neq 0) \quad \text{——} \text{公式} ❾$$

程式 8-3 是繪製 $y = \log_2 x$ 圖形的程式，執行程式 8-3 後便可作出圖 8-11。NumPy 模組內建了以 2 為底數的對數函數 log2()[4]，所以直接使用（第 4 行）。另外，對數函數只有在真數（x）為正數時才有辦法定義，指定 x 的

範圍時,還請多留意(第 3 行)。若指定 $x \leqq 0$ 的值,就會出現「0 無法作為除數」或是「運算中出現無效數值」等錯誤訊息。

程式 8-3 $y = \log_2 x$ 的圖形

```
1. import numpy as np
2.
3. x = np.arange(0.1, 10, 0.1)
4.     y = np.log2(x)                    # y = log₂ x
5.
6. plt.plot(x, y)
7. plt.grid(color='0.8')
8. plt.show()
```

圖 8-11 $y = \log_2 x$ 的圖形

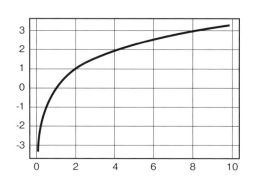

*4 NumPy 模組也內建了 log()(自然對數)、log10()(常用對數)。

■ 三角函數

假設直角三角形中非直角的一內角為 θ,角 θ 就可以決定三邊長的比。以角 θ 建立的函數便為三角函數 [5]。我們在第 4 章介紹了如何用 sin 和 cos 來畫圓(圖 8-12)[6]。

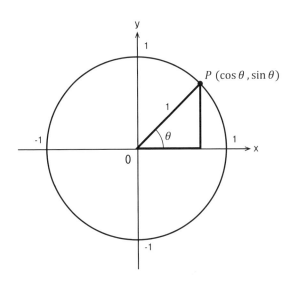

圖 8-12　半徑為 1 的圓與圓上點 P 的坐標

如圖 8-12，圓上點 P 的 y 坐標以 $y = \sin\theta$ 表示，假設 x 為 θ，繪製 $y = \sin x$ 的圖形，就可以如圖 8-13 畫出漂亮的波浪（執行程式 8-4 的結果）。這叫作「正弦波」。

圖 8-13　$y = \sin x$ 的圖形

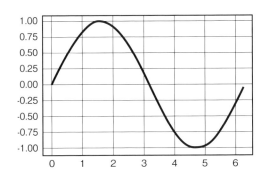

程式 8-4　$y = \sin x$ 的圖形

```
1. import numpy as np
2.
3. x = np.radians(np.arange(0, 360))
4. y = np.sin(x)                        # y = sin x
```

```
5.
6. plt.plot(x, y)
7. plt.grid(color='0.8')
8. plt.show()
```

*5　三角函數有 sin（正弦）、cos（餘弦）、tan（正切），以及與其對應的反函數，共六種。

*6　請參考第 4 章「6 過圓上一點的切線」。

2 變化的比例

第 2 章說明了直線的斜率和變化的比例。這裡讓我們把焦點放在「變化的比例」，再往下深入探索一下吧。利用函數畫曲線時，你覺得斜率會怎麼變化呢？

2.1 函數與變化的比例

這裡再說明一次，變化的比例（斜率）就是「x 增加 1 時，y 增加的值」。變化的比例可以用下式求得：

$$變化的比例 = \frac{y \text{ 增加的程度}}{x \text{ 增加的程度}} \quad —— \text{公式} ❿$$

為了讓一次函數畫出如圖 8-14 的直線，直線上任兩點的變化比例為固定不變。

圖 8-14　變化的比例固定不變（一次函數）

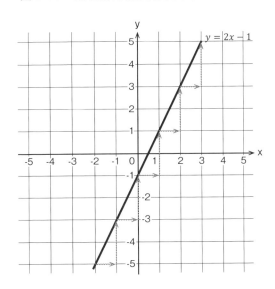

問題在於畫曲線圖形的時候。圖 8-15 是 $y = x^2$ 的圖形，當 x 為正數時，每增加 1 個單位，y 值就會如 1、3、5……數列般地增加。另外，當 x 的範圍為 $x < 0$，x 值增加，y 值就會隨之減少。

這裡是以二次函數為例，其他如三次函數等函數、反比關係也是，畫曲線圖形時，變化的比例並非固定不變。

圖 8-15　曲線上任兩點的變化比例不同

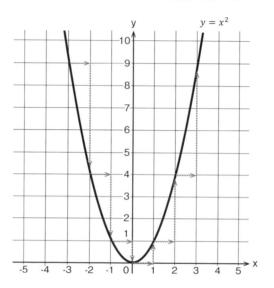

2.2　使用一點微分

讓我們再稍微探討一下曲線的變化比例。圖 8-16 左為在 $y = f(x)$ 上取兩點，點 A 及其水平方向 h 單位的點 B 的圖形。假設點 A 的坐標為 $(a, f(a))$，則點 B 坐標可以用 $(a + h, f(a + h))$ 來表示。將之代入公式❿，點 A 到點 B 之間的變化量，y 的變化比例為：

$$\frac{f(a+h) - f(a)}{h} \quad \text{——} \quad ①$$

這跟直線 AB 的斜率是一樣的，對不對？

圖 8-16　通過曲線上兩點的直線斜率，以及曲線的切線

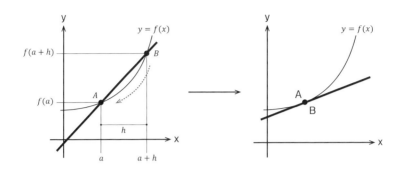

讓點 B 沿著曲線，不斷接近點 A。當 h 值趨近於 0，極為接近 0 時，直線 AB 就會通過點 A，與 $y = f(x)$ 圖形相交（圖 8-16 右）。這叫作「切線」。此時直線 AB 的斜率可以用下面的數學式來表示：

$$\lim_{h \to 0} \frac{f(a+h) - f(a)}{h}$$　　── 公式⓫

式子前頭 $\lim\limits_{h \to 0}$ 的意思是「h 趨近於 0 時」，h 值再小也不會變成 0。而公式⓫在數學世界則稱為「微分係數」。

突然出現微分和 $\lim\limits_{h \to 0}$，可能有點嚇人，但從式子①來看，應該沒那麼難對吧？現階段只要對圖 8-16，以及「微分係數就是 $y = f(x)$ 圖形上一點 $(a, f(a))$ 的切線斜率」有印象就夠了。

2.3　畫出曲線的切線

話說回來，各位聽過「微分」嗎？如圖 8-16 所示，「微分」可以藉由觀察 x 和 y 值之間的變化關係，找出求圖形上某點微分係數的式子 [*7]。原本想再詳細說明微分的本質，但這有點超出本書的範圍，所以這裡僅為各位介紹「利用 SymPy 求微分」，以及藉此繪製曲線切線的方法（圖 8-17）。

圖 8-17　$f(x) = x^2$ 的圖形和 $f(3)$ 的切線

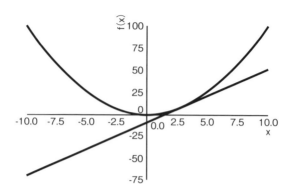

*7　這稱為「導數」。

■ $f(x) = x^2$ 的圖形

程式 8-5 是定義函數 $f(x) = x^2$，繪製圖形的程式，而圖 8-18 為其執行結果。忘記怎麼使用 SymPy 模組的人，請再次翻閱第 3 章。

程式 8-5　$f(x) = x^2$的圖形

```
1. import sympy as sp
2. sp.init_printing()
3.
4. # f(x) = x^2
5.     x = sp.Symbol('x')        # 定義「x」
6.     fx = x**2                 # f(x) = x²
7. display(fx)
8.
9. # 繪製圖形
10. sp.plot(fx)
```

圖 8-18　執行程式 8-5 的結果

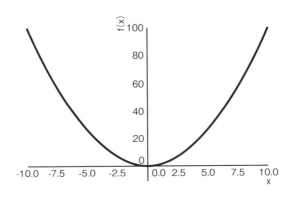

■ 微分 $f(x) = x^2$

數學課上微分總是讓人傷透腦筋，但只要如下使用 SymPy 的 diff() 函式：

```
sp.diff(fx)
```

就可以微分定義於 fx 的式子（例如程式 8-5 的 x^2）。請先執行程式 8-5，然後執行下面的指令。

```
In [2] :      sp.diff(fx)

  Out [2] :    2x
```

微分 x^2 的結果，可以得到式子「$2x$」。這是求微分係數的式子。

微分係數是 $y = f(x)$ 上一點的切線斜率，舉例來說，假如 $x = 3$，把 3 代入前面得到的式子的 x 當中，就可以求出斜率。程式碼如下敘述：

```
In [3] :      sp.diff(fx).subs(x, 3)

  Out [3] :    6
```

■$f(x) = x^2$ 且 $x = 3$ 的切線

微分 $f(x) = x^2$ 的結果，可以求出 $x = 3$ 的切線斜率為 6。只要知道切點（x_1, y_1）的坐標，就可以使用下式求出切線方程式：

$$y = a(x - x_1) + y_1 \quad \text{——第 3 章的公式❸（同前式）}^{*8}$$

程式 8-6 是利用這個式子，繪製 $f(x) = x^2$ 且 $x = 3$ 的切線的程式。執行結果請參考前面的圖 8-17。圖形上同時也會顯示「原本的函數」、「微分的結果」以及「切線方程式」。

此外，程式 8-6 的第 7 行指定了切點的 x 坐標。改變這個值，執行程式後會產生什麼變化？另外，改變第 3 行代入變數 fx 的函數，又會怎麼樣呢？多嘗試看看吧。

程式 8-6　$f(x) = x^2$ 且 $x = 3$ 的切線

```
 1. # f(x) = x^2
 2. x = sp.Symbol('x')           # 定義「x」
 3. fx = x**2                     # f(x) = x^2
 4. display(fx)
 5.
 6. # 切點的坐標
 7. x1 = 3
 8. y1 = fx.subs(x, x1)
 9.
10.# 微分係數（x1 切線的斜率）
11.a = sp.diff(fx).subs(x, x1)
12.display(sp.diff(fx))
13.
14.# 切線方程式（通過（x1, y1），斜率為 a 的直線）
15.y = a * (x - x1) + y1
16.display(y)
17.
18.# 繪製圖形
19.sp.plot(fx, y)
```

*8　請參考第 3 章的「3.2 利用公式」。

234

3 關於機械學習

人工智慧、機械學習、深度學習……，每一個都是報章雜誌上常見的關鍵字。想必讀者當中，應該有人期許自己未來能夠朝其中一個領域精進。而這個目標並不是遙不可及，因為各位在前面已經體驗過什麼是機械學習了。

3.1 可以用機械學習解決的課題

要明確定義人工智慧、機械學習、深度學習等詞彙很困難，這裡假設「機械學習是人工智慧的其中一門技術」，「利用電腦分析大量的資料，從資料中尋找出某種規律，以解決問題」。機械學習分為「監督式學習」和「非監督式學習」。我們假設這裡有大量的人臉圖像資料（人臉照片），一起來簡單看看不同的機械學習法有何差異。

非監督式學習的方法是，提供電腦大量的人臉照片，讓電腦找出特徵值、共同點和規律。非監督式學習的其中一個方法「分群」，就是利用找到的特徵，將資料分門別類。而思考要怎麼定義分到同一個群組的資料，例如：「小孩的群組」、「年長者的群組」，則是人類的工作。

另一方面，監督式學習的方法，則是把人臉照片和正確的標籤提供給電腦，讓電腦學習其特徵和規律。比方說，提供年齡，讓電腦學習正確的標籤，當電腦拿到新的人臉照片時，就可以將照片依據年齡層「分類」成 20 多歲或 30 多歲，然後使用「迴歸」，就可以推測出人臉照片的年齡，例如：「這個人是 27.3 歲」。你看，迴歸這個詞是不是很眼熟呢？

第 7 章介紹了利用最高氣溫和果汁銷售量的關係畫散佈圖，求出最能夠表現資料趨勢的直線的方法（圖 8-19）。這個直線方程式叫作「迴歸方程式」，而迴歸方程式可以做出這樣的預測：「最高氣溫為 25ºC 時，大約可以賣出100 瓶果汁」。機械學習的「線性迴歸模式」，就是求這個迴歸方程式，這個事實是不是讓你有點吃驚呢？

圖 8-19　散佈圖和迴歸直線

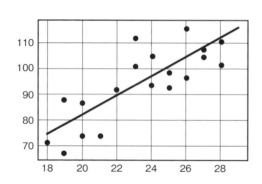

我們在第 7 章，利用最小平方法來求迴歸方程式（圖 8-20）。這個方法為了求出，實際資料和預測值之間的「偏差」為最小值的直線，重複了調整直線斜率和截距數值的作業 500,000 次 [9]。這個作業過程就是機械學習所指的「學習」。

機械學習是以「權重」和「參數」，來指稱直線的斜率 a 和截距 b，也就是說，所謂的「學習」，指的就是「為了讓實際資料與預測值之間的『偏差』達到最小，不斷地重複計算，最後找出最佳權重（參數）的作業」。

圖 8-20　實際資料與預測值的「偏差」

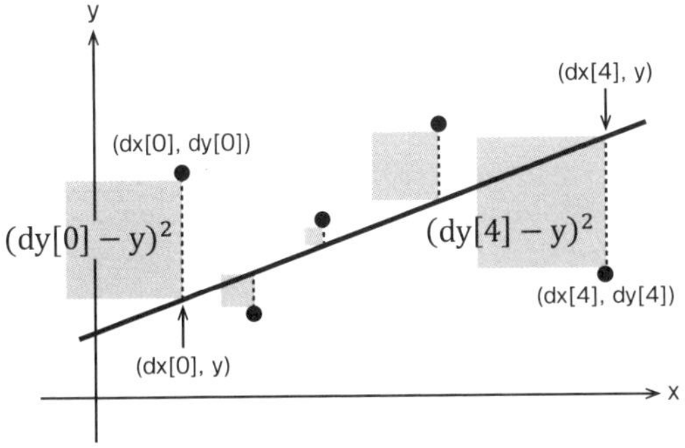

*9　請參考第 7 章「7 使用亂數找出迴歸直線」的程式 7-6。

3.3　什麼是損失函數？

學習機械學習時，除了「學習」以外，「損失函數」也是常見的詞彙。這是電腦透過學習所得到的模型，用這裡的例子來說就是迴歸方程式；而損失函數也是表現預測值與真實資料不一致的程度，也就是模型「性能不良程度」的指標。

請再看一次圖 8-20。圖 8-20 顯示灰色區塊的部分，為預測值與實際資料之間「偏差」的平方值。這個「偏差」的總和越小，直線越能代表散佈圖所呈現的資料趨勢。反過來說，「偏差」的平方和越大，迴歸方程式的準確度越差。這就是損失函數。

準確度高的模型（迴歸方程式），就是損失函數（「偏差」的平方和）的值最小的模型。為了找出高準確度的模型（損失函數的值趨近於零），就必須不斷地重複調整權重（直線的斜率 a 和截距 b）。各位應該可以大致掌握「學習」這個概念了吧。

第 7 章我們用亂數找到了迴歸方程式。你是不是很好奇，這個時候「偏差」的平方和是多少呢？程式 8-7 是以求迴歸方程式的程式（程式 7-4 和程式 7-6）為基礎，從最初假定的迴歸直線（$y = 0$）開始，到最後得到迴歸直線的過程中，用圖形來表現「偏差」的平方和會如何變化的程式。執行程式 8-7，就會顯示圖 8-21 的圖形。從圖 8-21 可知，不斷重複處理，最初的值（「偏差」的平方和）就會大幅減少，最後順利降到接近零。

程式 8-7　用圖形來表示「偏差」的平方和變化

```
1.  %matplotlib inline
2.  import matplotlib.pyplot as plt
3.  import random
4.
5.  # 資料
6.  dx = [28,26,28,27,27,20,26,22,23,19,26,23,25,21,20,18,24,19,24,25] # 氣溫
7.  dy = [111,97,102,105,108,74,116,92,112,88,116,101,93,74,87,71,94,67,105,99] # 銷售量
8.
9.  # 初始值
10. a = 0.0        # 直線的斜率
11. b = 0.0        # 截距
12.
13. # 與 y=0 之間「偏差」的平方和
14. min_res = 0.0
15. for i in range(20):
16.     y = a * dx[i] + b
17.     min_res += (dy[i]-y)**2
18. print(min_res)
19.
20. dat=[]   # 「偏差」平方和的最小值
21. for i in range(500000):
22.     # 決定斜率和截距的更新量
23.     wa = (random.random() - 0.5) * 0.001
24.     wb = (random.random() - 0.5) * 0.001
25.
26.     #「偏差」的平方和
27.     res = 0
28.     for j in range(20):
29.         y = (a + wa) * dx[j] + (b + wb)
30.         res += (dy[j] - y)**2
31.
32.     # 更新值
33.     if res < min_res:
34.         min_res = res         # 假定的最小值
35.         a = a + wa            # 斜率
36.         b = b + wb            # 截距
37.     dat.append(min_res)       # 新增最小值
```

```
38. print(a, b, min_res)
39.
40.# 顯示圖形
41. plt.figure(figsize=(12,4))
42. plt.plot(dat)
43. plt.show()
```

圖 8-21　執行程式 8-7 的結果

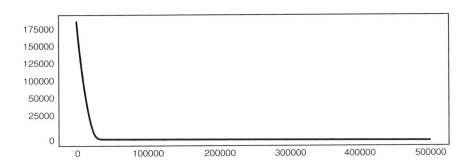

Python Tips 改變圖軸範圍的大小

如未特別指定，Matplotlib.Pyplot 模組就會自動設定圖形的大小。這次想畫
出如圖 8-21 大小的圖形，因此在程式 8-7 使用了 figure()（第 41 行）。

```
41.    plt.figrue(figsize=(12, 4))
```

請於 figsize 選項，以元組的形式指定圖軸範圍的寬度和高度。單位為英吋。
此外，這個指令必須在利用 plot() 或 scatter() 繪製圖形前執行。

４ 數學式與程式語言

最小平方法是，讓實際資料和預測值之間「偏差」的平方和達到最小，以求出最能表現資料分布趨勢的方程式。假設實際資料為 t，預測值為 y，求圖 8-22 灰色部分總和的式子可以如下表示：

$$\sum_{i=1}^{5}(t_i - y_i)^2 \quad —— ②$$

數學讓人感到「困難」、「棘手」的原因就在於，突如其來地像上面那樣「把式子丟出來」，用不常見的符號來表達事物，對不對？但有一件事我可以很肯定地跟各位說，就算式子用了再難的符號，說到底其實也不過是四則運算（加減乘除）的組合而已。

圖 8-22　實際資料和預測值之間「偏差」的平方和

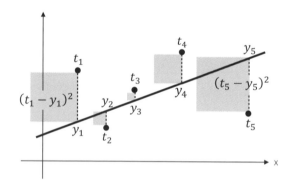

請再看一次圖 8-22。圖 8-22 灰色部分的正方形面積總和，可以用下式求得。

$$(t_1 - y_1)^2 + (t_2 - y_2)^2 + (t_3 - y_3)^2 + (t_4 - y_4)^2 + (t_5 - y_5)^2$$

式子很長，但其實只是 t 和 y 的下標符號不同，式子的內容也就只是重複計算 $\left(t_\bullet - y_\bullet\right)^2$，然後將結果全部加起來而已。反覆書寫「重複」和「加起來」的式子實在太麻煩了，所以就用意思相同的符號 Σ 來表示，也就是本節最前面的式子。Σ 下標記的「$i=1$」代表 i 的初始值，而 Σ 上方的 5，則表示

從 $i=1$ 開始取數，每次增加一單位，一直取到 5，不斷重複，最後全部加起來。

「為了讓算式簡潔而使用符號，卻讓人越看越不懂！」想必有些人心中應該會這樣想吧。我可以理解那樣的想法，但出現不熟悉的符號時，就先查查看那個符號的意思吧。只要知道符號的意思，就可以找到將之編寫為程式碼的方法。比方說，Σ 的「反覆加總運算」，用 for 迴圈就可以解決了。舉其他例子來看，只要知道出現於本章「2 變化的比例」的 $\lim\limits_{h \to 0} \dfrac{f(a+h)-f(a)}{h}$ 代表微分係數，應該就會注意到，這裡可以利用 SymPy 模組的 diff()。若能正確地轉換成程式，就可以找出比手算更快得到答案的方法。針對得到的答案進行思考，應該能幫助你深入了解數學式的意思。歡迎把 Python 當作是學習數學的利器，多加利用。

Python Tips Σ 和 for 迴圈

將使用 Σ 的算式轉換成 for 迴圈敘述時，要小心重複執行的條件。比方說，$\sum\limits_{i=1}^{5}(t_i - y_i)^2$ 指的是「於下標 i 的 1 到 5 之間重複」。如果只是單純重複 5 次，如下指定 range() 的引數不會有問題，這個時候 i 的值如下變化：

```
In [1] :        for i in range(5):
                    print(i)

    Out [1] :   0
                1
                2
                3
                4
```

取陣列元素這類，i 的值具有意義時，遇到這種情況要特別小心。

另外，受到 $\sum\limits_{i=1}^{5}$ 的影響，如下指定 range() 的引數時，會變成重複「1 ～ 4」，請注意。

```
In [2] :        for i in range(1, 5):
                    print(i)
```

```
Out [2] :       1
                2
                3
                4
```

在第 1 章也曾說明過，想在 i 的值為「1 ～ 5」之間重複執行時，range() 的
第二個引數就必須是「6」。

```
In [3] :        for i in range(1, 6):
                    print(i)
```

```
Out [3] :       1
                2
                3
                4
                5
```

這是敘述 Python for 迴圈時基礎中的基礎，卻也容易受到數學式敘述的影響
而犯下的錯誤，請多小心。

［ 索引 ］

文科生也能懂的 Python 程式設計｜用 Python 寫出國中數學解題程式

作　　者：谷尻かおり
裝　　訂：山之口正和（OKIKATA）
設　　計：松田 剛（TOKYO 100MILLIBAR
　　　　　STUDIO）
插　　圖：Bazzy
譯　　者：謝敏怡
企劃編輯：蔡彤孟
文字編輯：王雅雯
設計裝幀：張寶莉
發 行 人：廖文良

發 行 所：碁峰資訊股份有限公司
地　　址：台北市南港區三重路 66 號 7 樓之 6
電　　話：(02)2788-2408
傳　　真：(02)8192-4433
網　　站：www.gotop.com.tw
書　　號：ACL061000
版　　次：2021 年 11 月初版
建議售價：NT$450

授權聲明：BUNKEI DEMO KANARAZU WAKARU
CHUGAKU SUGAKU PYTHON CHO KANTAN
PROGRAMMING NYUMON written by Kaori Tanijiri © 2020
by Medic Engineering. All rights reserved. Originally
published in Japan by Nikkei Business Publications, Inc.
Traditional Chinese translation rights arranged with Nikkei
Business Publications, Inc. through Japan UNI Agency, INC.
Traditional Chinese Character translation published by
GOTOP INFORMATION INC.

讀者服務

● 感謝您購買碁峰圖書，如果您對本
書的內容或表達上有不清楚的地
方或其他建議，請至碁峰網站：「聯
絡我們」\「圖書問題」留下您所購
買之書籍及問題。（請註明購買書
籍之書號及書名，以及問題頁數，
以便能儘快為您處理）
http://www.gotop.com.tw

● 售後服務僅限書籍本身內容，若是
軟、硬體問題，請您直接與軟體廠
商聯絡。

● 若於購買書籍後發現有破損、缺
頁、裝訂錯誤之問題，請直接將書
寄回更換，並註明您的姓名、連絡
電話及地址，將有專人與您連絡補
寄商品。

國家圖書館出版品預行編目資料

文科生也能懂的 Python 程式設計：用
Python 寫出國中數學解題程式 / 谷
尻かおり原著；謝敏怡譯. -- 初版. --
臺北市：碁峰資訊, 2021.10
　　面；　　公分
　　ISBN 978-986-502-962-3(平裝)
1.Python(電腦程式語言)
312.32P97　　　　　110016178